纺织服装"十三五"部委级规划教材

服饰图案设计

第三版　　王丽 著

U0163109

东华大学出版社 · 上海

图书在版编目（C Ｉ P）数据

服饰图案设计／王丽著．－－3 版．－－ 上海：东华大学
出版社．2020.3
ISBN 978－7－5669－1713－3

Ⅰ．①服… Ⅱ．①王… Ⅲ．①服饰图案－图案设计
Ⅳ．①TS941.2

中国版本图书馆CIP数据核字(2020)第025863号

责任编辑：谢　未
装帧设计：王　丽

服饰图案设计（第三版）
Fushi Tu'an Sheji
著　　者：王　丽
出　　版：东华大学出版社
（上海市延安西路1882号　邮政编码：200051）
出版社网址：dhupress.dhu.edu.cn
天猫旗舰店：http://dhdx.tmall.com
营销中心：021-62193056　62373056　62379558
印　　刷：上海普顺印刷包装有限公司
开　　本：889mm × 1194mm　1/16
印　　张：6.5
字　　数：238千字
版　　次：2020 年 3 月第 3 版
印　　次：2024 年 1 月第 3 次印刷
书　　号：ISBN 978－7－5669－1713－3
定　　价：55.00元

前 言

　　《服饰图案设计》是根据图案在服饰中的重要作用，并结合作者多年的教学实践而完成的。本书从服饰图案概述入手，从服饰图案设计的美学理念、创意过程、造型设计、色彩设计、服装定位和图案表现等几个方面进行详细分析。本书共分八章，每个章节均附小结与思考练习，以便读者在学习过程中明确本章的主要内容和重点训练项目。书中讲解深入浅出，概念清晰，具有较强的指导作用。图片部分选用大量最新时装发布会照片，细节清晰、指向性明确。本书是一本介绍服饰图案及相关知识较为全面的教材，可作为高校艺术类的设计基础课程用书，对于服装设计专业人员和广大爱好者也具有一定的参考价值。

　　在本书的撰写过程中，难免会有不妥之处，恳请广大读者批评指正，在此深表感谢。

著 者

2020 年 1 月

目 录

CONTENTS

1

第一章　服饰图案设计概述

第一节　服饰图案的相关概念

图案在人们的生活中随处可见，家纺的布艺设计、各种包装的外观、器皿的装饰、服装上各种花边纹理等都不时地体现着图案的存在。那么什么是"图案"呢？《辞海》艺术分册对"图案"条目的解释为："广义指对某种器物的造型结构、色彩、纹饰进行工艺处理而事先设计的施工方案，制成图样，通称图案。有的器物(如某些木器家具等)除了造型结构，别无装饰纹样，亦属图案范畴(或称立体图案)。狭义则指器物上的装饰纹样和色彩而言。"雷圭元先生也在其《图案基础》一书中，对图案的定义综述为："图案是实用美术、装饰美术、建筑美术方面，关于形式、色彩、结构的预先设计。在工艺材料、用途、经济、生产等条件制约下，制成图样，装饰纹样等方案的通称。"

我们在知晓"图案"概念的前提下，需要进一步了解并掌握什么是"服饰图案"？它与图案有什么样的区别？

服饰图案是指服饰的装饰纹样设计、与服饰相关配件的纹饰设计。

服饰图案与图案最大的不同在于其设计与研究的同时要紧紧围绕它的承载物即人体来进行。相同的图案装饰在服装上由于分布在不同的人体部位产生的效果也大相径庭。

第二节　中国历代图案发展

服饰始终贯穿于中国历史发展的各时期，它不仅记录了中华民族的生存环境，而且更加形象地再现了中国丰富绚烂的文化内涵。提到中国服饰就不能不说服饰中出现的各种图案，它在一定程度上记录了当时社会的风俗人文，可以说是一幅幅生动的历史画面的再现。

中国各历史时期的服饰中出现怎样的图案？其真实面貌是什么样的？可以给我们的服装研究与设计提供怎样的帮助？我们可以从中国服饰早期发展来着手研究。最早的服饰是什么样子的，似乎有很多说法，不过从考古资料来看，人类早期的服装是裙。依此我们可以想象：处于狩猎经济的原始氏族或部落族人颈间挂着虎齿做成的项饰，腰间围着兽皮做成的裙，还有的以植物裹身……

一、先秦时期的图案

随着人类的进化，人们逐渐具备了创造物质的能力，但还是会受到某种力量的制约，人们想要有一种超自然的力量，于是就有了图腾崇拜。各种图腾的产生使中国的传统服饰图案逐步趋于完善。史书记载，早在周代帝王时期，逢隆重场合便穿着衮服，即绣卷龙于上，然后广取几种自然景物，并予以含义。作为当时的代表纹样，具有一定的典型意义。《虞书·益稷》中对于十二章纹样记载:"予欲观古人之象,日、月、星辰、山、龙、华虫、宗彝、藻、火、粉米、黼、黻、絺绣并以五彩彰施于五色,作服汝明。"十二章的每一个纹样都有它的含义和象征意义,其中"日、月、星"取其照临光明,如三光之耀;"龙"则意味能变化,取其神之意,象征人君应机布教而善于变化;"山"取其能云雨或说取其镇重的性格,象征王者镇重安静四方;"华虫"意为雉属,取其有文章(文采),也有说雉性有耿介的本质,表示王者有文章之德;"宗彝"表示有深浅之知,威猛之德;"火"取其明,火炎向上有率士群黎向归上命之意;"粉米"取其洁白且能养人之意,若聚米形象征有济养之德;"黼"即画金斧形,白刃而銎黑,取其能断割之意;"黻"作画两已相背形其意谓君臣可相齐,见恶改善,同时有取臣民背恶向善的含意(图1-1)。由此可以看出中国古代人们就已经开始使用赋予不同意义的图案,并将其运用到不同级别或种类的服装中。

图1-1 十二章纹

图1-2 秦汉时期服饰图案

二、秦汉时期的图案

秦汉时期的服饰相较于前代品类丰富,做工更加精美。由于受丝绸之路的深远影响,丝绸作为服装面料的产量已大幅度提高。当时的丝绸较多的运用对鸟纹、茱萸纹和龙虎纹等动植物图案作为装饰。从中可以看出图案造型生动饱满,并对各种动植物的特点进行高度概括(图1-2)。这一时期,除了纺织品图案之外,服饰色彩的审美意识也在逐渐增强。从长沙马王堆汉墓出土的织绣工艺品实物来看,凭视觉能够辨别的色彩就有一二十种之多。这都说明织绣印染技术在当时已经达到比较成熟的程度。

三、魏晋南北朝时期的图案

　　魏晋南北朝时期战争较多，朝代更换频繁，因此各民族杂居交错，使得服饰风格较为纷繁。受当时佛教盛行的影响，国人的衣服面料和服饰边缘装饰大量佛教图案，如莲花、忍冬纹等。再加上丝绸之路的贸易往来，一些富有异族风采的图案也传入中国，如对鸟对兽纹、兽王锦、串花纹毛织物等（图1-3）。

　　这时期最著名的图案要属忍冬纹样（图1-4）。忍冬是一种蔓生植物，俗称"金银花""金银藤"，通称卷草，其花长瓣垂须，黄白相半，因名金银花。它是随着佛教艺术在我国的兴起而出现的一种图案样式。《本草纲目》中曾说道："忍冬'久服轻身，长年益寿'。"因此取其"益寿"的吉祥含义。此时流行的忍冬纹较为清瘦，一般是以三个叶瓣或多个叶瓣互生于波曲状茎蔓两侧的图案，其造型优美、线条流畅，整体图案富有一种流动的美感。

图1-3　方格兽纹绵（魏晋南北朝时期）

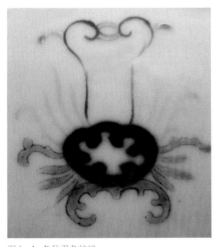

图1-4　各种忍冬纹样

四、隋唐五代时期的图案

　　唐时期的服饰图案精巧美观。在隋朝的基础上，唐代丝织品产量极为丰富，从而为服饰的华丽丰富提供了坚实的物质基础。唐时期工艺装饰普遍使用花卉图案，用真实的花、草、鱼、虫进行写生，经过艺术加工，其构图活泼自由、疏密匀称、丰满圆润。唐代服饰图案，虽然改变了以往那种以天赋神授的创作思想，但传统的龙、凤图案并没有被排斥。

这时期服饰图案的设计趋向于表现自由、丰满、肥壮的艺术风格（图1-5）。

　　唐代纹样中值得一提的便是卷草纹。卷草纹是由忍冬纹发展而来的，结合荷花、兰花、牡丹等花草，经过"S"形波状变形处理，构成二方连续的图案样式。该纹样的花草造型处理多呈现曲卷圆润的状态，所以通称卷草纹，又因盛行于唐代故名唐草纹。唐草纹采用曲卷多变的线条，花朵设计风韵华

图1-5 唐代服饰图案

丽、叶片曲卷而富有弹性、叶脉旋转翻滚富有动感，总体结构舒展而流畅，饱满而华丽，结构层次分明，体现一种生机勃勃的美感，反映了唐代工艺美术富丽华美的风格（图1-6）。陈绶祥在《遮蔽的文明》中描写："它以那旋绕盘曲的似是而非的花枝叶蔓，得祥云之神气，取佛物之情态，成了中国佛教装饰中最普遍而又最有特色的纹样。"这便是对卷草纹样最形象的阐述。

图1-6 唐卷草纹方砖

联珠纹则是唐代纹样中最有代表性的一种。所谓联珠纹就是将大小相同的圆珠连续排列，构成圆形或其他几何形空间，并在这些空间中装饰鸟兽、花草、人物等单独纹样。在使用时通常都是以一个单独纹样作为基本单位，或横向、或竖向联成条状形成二方连续边饰，或上下左右加辅纹构成四方连续图案（图1-7）。

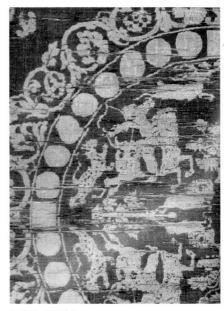

图1-7 唐联珠纹

五、两宋时期的图案

两宋时期的统治思想是以儒学、道学为核心的儒、道、佛互相渗透的思想体系。这种哲学体系对当代的美学理论产生深远的影响。两宋时期的服饰倾向保守，但是在图案内容方面，依旧十分丰富。纹样中植物、动物、人物相互结合，穿插协调。服饰总体风格一反唐代浓墨重彩、华美秀丽之色，而形成一股淡雅恬静之风（图1—8）。

六、明代的图案

明代已经进入封建社会后期，其封建意识趋向专制，表现在服饰图案方面则是标志官服级别的补子的产生。补子表现为文官绣禽、武官绣兽的集中图案。服饰风格总体上崇尚华美，并将很多吉祥用语与图案相结合，比如以松树仙鹤寓意长寿、以石榴寓意多子、以鸳鸯寓意夫妻和谐美满等。服饰图案的设计花色丰富、色彩浓重、简练生动（图1—9）。

图1-8 两宋时期的图案

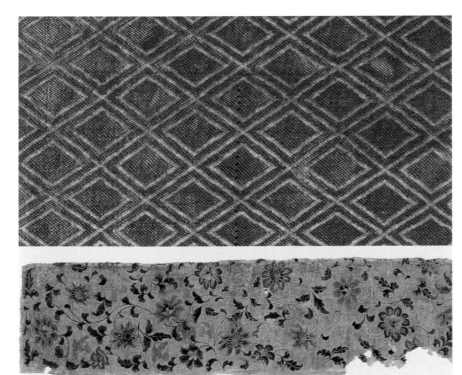

图1-9 明代服饰图案

11

七、清代的图案

清朝是以满族统治者为主的政权机构，因此清代的服饰保留了很多游牧民族的服装特色。清代的服饰色彩多以淡雅的白色、蓝紫色为主，红、粉、淡黄、黑等色也是常用色。满族传统上有尚白的习俗，由此白色在清代服饰中占有重要的地位。所以，在清代服饰中常在红色、蓝色等其他颜色的旗装上镶白色的花边。清代丝织品的图案表现题材丰富、取材广泛、配色明快，组织结构紧凑，在中国服饰史上占有一席之地（图1-10）。

图1-10 清代服饰图案

第三节 外国典型纹样

一、古埃及纹样

古埃及是世界上最古老的灿烂辉煌文明之一。它不仅在建筑、绘画和雕刻等方面令世人着迷，其服饰装扮上也给后人留下了丰厚的历史遗产。

埃及位于非洲东北端，由于气候温暖，所以古埃及人衣服袒露，形式简洁，衣料轻薄。埃及的纺织技术高超，并且盛产亚麻，但由于亚麻染色较难，故服饰面料多以白色为主，配以小面积彩色手绘图

案，如黄色、蓝色、绿色、红色等。古埃及服饰虽然简洁，但是其首饰的设计却是精华所在。古埃及首饰色彩艳丽，如同调色盒中未经调和过的高纯度色彩，迸发着浓烈的热情。金色是埃及首饰最主要的颜色，它象征太阳的颜色，表现一种生生不息、神圣而不可侵犯的权威感。与之相配的颜色有月光般的银色、夜空般的青色、鲜血般的红色。古埃及《死亡之书》中对这些色彩进行了记载："深蓝象征夜空，绿色代表新生和复苏，红色象征血液、能量和生命。"

古埃及的纹样设计多采用几何形或较为抽象的

形体，图形简洁而不简单，体现一种高度概括的美感（图1-11）。

二、波斯纹样

古代波斯地域广大，多种民族文化相互融合，造就了其文化艺术的辉煌成就。古代波斯的服饰因此也融汇了多民族的优秀传统从而达到很高的艺术水平。波斯服饰的面料主要是羊毛织物和亚麻布，波斯人喜欢在衣服上绣满美丽多彩的图案。图案的纹样以花草为主，并以补花的形式出现（图1-12）。

三、印度纹样

印度纹样较多地表现在印度纱丽和印度纹彩两个方面。

图1-11 古埃及纹样

图1-12 波斯图案

纱丽是印度妇女的一种传统服装，是印度妇女心中的一种情结。纱丽是用印度丝绸制作而成的，一般长5.5米，宽1.25米，两侧有滚边，上面有刺绣。通常围在长及足踝的衬裙上，从腰部围到脚跟成筒裙状，然后将末端下摆披搭在左肩或右肩。纱丽的款式变化不大，主要是由面料的配色和图案装饰取胜。配色一般是由单色打底，如橘红、朱红、银白、宝蓝等，上面装饰各种吉祥花鸟、几何图形等传统花纹图案，或清新淡雅、或艳丽缤纷、或雍容华贵勾勒出不同女性的风韵（图1-13）。

印度纹彩又叫做印度手绘，是印度一种民间艺术。它采用天然植物指甲花的叶或幼苗磨成的糊状颜料在手掌、手背及脚上绘图。绘上去的图案多为当地的吉祥符号和地道的传统纹饰（图1-14）。

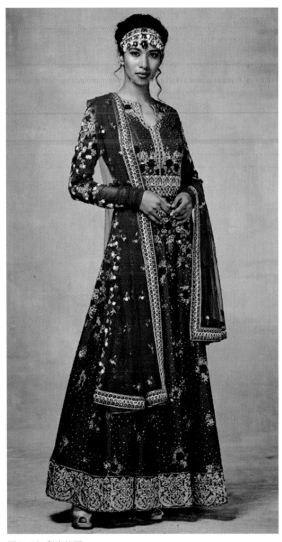

图1-13 印度纱丽

图1-14 印度纹彩的设计

四、日本和服纹样

和服早期在日本被称作吴服，这是源于中国的三国时期，东吴与日本的商贸活动频繁，并将纺织品及衣服缝制的方法传入日本。明治维新以后，随着与西洋文化的接触才逐渐将吴服的称谓改为和服。时至今日，这两种概念几乎已经同化，很多卖和服的商店，招牌上会写着"吴服屋"。

和服的种类繁多，其中女式和服色彩缤纷，图案考究。和服装饰图案的原型大多来源于自然界的花鸟鱼虫或生活中的各种道具，如梅花、樱花、菊花、扇子、茶道具、龙、凤、鸟蝶等。和服图案表现较为写实，注重物象间的穿插关系（图1-15）。

图1-15 和服纹样

五、佩兹利纹样

　　佩兹利纹样起源于位于南亚次大陆北部,处于印度、巴基斯坦、阿富汗与中国之间喜马拉雅山脉西北部地区的克什米尔。佩兹利纹样俗称火腿纹样,图案以腰果为基本造型,又将绽放的花朵与柏树的针形叶相结合,整体呈现饱满、繁盛的样式。有传说一群英国士兵把印有这种图案的披肩带回国,在19世纪初由一位织布好手把这种图案修改得比较符合欧洲人口味再加以运用,并编成羊毛披肩,才得以风靡一时。原来的佩兹利纹样较多地用于毛披肩、披风、头巾、挂毯、地毯等。随着社会的发展,佩兹利纹样并没有被人们淡忘,反而越来越多地运用到家纺、服饰设计中 (图1-16)。

图1-16 佩斯利印花的应用

小结

服饰图案的发展源远流长，本章主要将中外服饰图案发展做简单介绍并进行分析。作为一名服饰设计者不仅要了解国内外服饰图案发展的基础，并且要根据自身的经验积累和设计感觉，对原有的图案进行有效的扩充，并结合时代要求，赋予传统图案新鲜的血液。

本章思考与练习

1.收集各个历史时期的图案纹样，内容可以包括服饰、建筑、器皿等。

2.根据收集的图案进行二次设计，并运用到服饰设计中。

第二章　服饰图案设计的美学理念

第一节　服饰图案设计的审美意识

什么是美？从古至今对于美的研究从没有停止过，在众多对于美的理解中，《论艺术之永恒》给出的解释具有高度的概括性，美是引起人类生命主体精神有益性的整体和谐与统一。具体给出美与丑的严格界限是不现实的，毕达哥拉斯便把音乐中的和谐的道理推广到其他艺术领域，寻求什么样的数量比例会产生美的效果，由此人们便发现了对于艺术审美产生深远影响的"黄金分割线"。后世研究美学形式主义的萌芽便由此展开。保罗·兰德曾经说过："如果没有美学的支撑，设计就是一堆庸俗乏味的复制品，或者是一团杂乱无章、哗众取宠之物；如果没有美学，电脑就是一部死气沉沉的机器，毫无意义的快速制造产品。总之，不是华而不实，就是粗鄙不堪。"由此美对于产品设计的重要性可见一斑。

对于产生出美感和好感的客观事物，人们通常都会给予着意的关注和细致体验。人对客观事物的美感和好感给予着意关注和细致体验的行为，就称为审美。审美，是人对客观事物的美感和好感所进行的细致感受和深入认识的行为。在文化层次上，审美分为欣赏和鉴赏。

综上所述，服饰图案设计的审美意识可以从两个方面进行概括。一是从形式上进行美的创造。美的事物并不是凭空产生的，它是基于某种物质而存在。审美意识的培养首先要从美的事物入手，即服饰图案形式上存在的美感。二是从意识上进行美的鉴赏。美的事物于存在的前提下需要被感知，需要对其本身存在的美进行挖掘，就是从意识形态上对美进行分析。

第二节　服饰图案设计的美感体系

一、形式美

形式美具有独立的审美价值，但它决非纯粹自然的事物。具有形式美的事物一般为人造形态，因此它或多或少、或隐或显地表现出这样或那样的某种朦胧的意味和人类情感观念。形式美的形成和发展经历了漫长的社会实践和历史发展过程，这个过程是一个长期的历史积淀，包括心理、观念、情绪的各种形式。这种经过历史积淀的形式美，就成为一种植根于人类社会实践的有意味的形式。

人类实践的历史积淀通过各种形式涵盖社会生活的方方面面，并逐渐凝结在构成形式美的感性材料及其组合规律上，事物的形式或美的形式就演变为独立存在的形式美。各种事物由于具备了由社会内容制约的形式美，就会比其他形态的美更富于表现性、装饰性、抽象性、单纯性和象征性。

在人类历史上的社会、自然、艺术、科学的各种领域中，普遍存在着美，这些美亟待人们去发掘，虽然它们的表现形态、状貌、特征都不相同，但是美的本质却是相同的。

服饰图案设计意在通过形式美的装饰效果表现人的自然本体，突出人体形态的美。图案附着于服饰，而服饰则依附人体而存在，这种存在包括两个紧密联系的方面：一方面是内形，指设计的本体即人体的构成；另一方面是外形，指构成装饰的外部样貌。内形是外形的基础，是服饰或服饰图案的表现依据，图案表现采取何种形式和手法，取决于内形；而外形是内形的丰富，服饰图案的存在便是将这种视觉体验更加淋漓尽致地表现出来。

由此可见，服饰图案的形式美是一种感性的存在，也就是构成服饰图案的各种要素的集合。它并不是由某一个元素起作用，而是需要通过多方面的条件综合作用，才可以表现美的形态。这些要素中色彩和形状则起了决定性作用。

1. 色彩

色彩是指赤、橙、黄、绿、青、蓝、紫等我们熟知的颜色。服饰图案的设计离不开色彩的参与，其形式美的表现更加突显色彩的重要性。服饰图案色彩具有固定的美感特性，在形式美的表现过程中，不仅要强调这种美感，更要将色彩这种固有的美感与图案设计相结合。

（1）色彩具有联想性

色彩本身无所谓感情，但是它可以由物理的刺激直接导致人的某些丰富的情感联想，比如饱和的红色，在强烈的刺激下可以令人产生兴奋、燥热的心理情绪，并且它与印象中的烈火、鲜血、红旗等概念相关联，很容易让人联想到战争、伤痛等，从而形成人们对于红色的总体反映。这种通过因果关系而联想到的更强烈、更深层意义的效应，属于色彩的间接性联想。这主要是由于人类的实践活动、生活经验所决定的，因此具有一定的普遍性。所以说"色彩的联想是一般美感中最大众化的形式"，因此色彩联想便具有更多的共同性。

（2）色彩具有表情性

色彩的表情性是指色彩作用于人的眼睛，向人们传达一种情感，使人的心理产生某种波动，进而表达某种情绪性。人的心理活动是一个极为复杂的过程，它由各种不用的形态所组成，如感觉、知觉、思维、情绪、联想等，而视觉只是包括听觉、味觉、嗅觉、触觉等在内的感觉的一种。因此，当色彩通过视觉作用于人的心理活动时，人便会通过色彩联想性赋予色彩某种特别的表情效应，如冷感和暖感、前进与后退、活泼与抑郁、华丽与朴素等色彩表情。

（3）色彩具有象征性

色彩具有象征性是指某一色彩人们通过联想可以将其与某种事物联系在一起，赋予色彩某种象征性。例如绿色，由于其波长居中，是人眼最适应的色光，所以人们便将舒适与绿色进行联系。绿色又是大自然的色彩。嫩绿、草绿象征着春天、成长、生命和希望，是青年色的代表；中绿、翠绿象征着盛夏、兴旺；孔雀绿华丽、清新；深绿是森林的色彩，显得稳重；蓝绿给人以平静、冷淡的感觉；橄榄绿显得比较深沉，使人满足。由于绿色与田野、大自然相关联，能让人联想到和平、平静、安全，因此交通安全信号、邮电通信也使用绿色。另外，绿与自然界的景物极易融合，因此也被称为国防绿和保护色。

色彩作为服饰图案设计最基本的要素之一，无时无刻不在影响着设计者乃至整套服饰的风格。色彩最先被人感知，而色彩搭配得协调与否则直接决定服饰是否可以体现其应有的美感。

2. 形状

形状是指物体或图形的形态、状貌，也是形式美的又一重要因素。服饰图案的造型取决于形状的变化。形状是由点、线、面、这几个抽象形体组成的，不同的形状具有不同的表情，使人产生不同的形状感。

点，在服饰图案中代表着短小而简洁的形态，也是图案造型的基础。在设计时不能因为点的面积小而忽略它，如果运用得当，小小的点造型也会蕴藏着巨大的潜力，成为整套服饰的点睛之笔。从理论上说，点应该以小而圆的形状出现，但在实际的服饰图案设计中，我们将很多千姿百态、形态各异的形状归纳为点，这些点通过各种组合形式，如重复、疏密、虚实等排列方式，组成丰富的画面语言（图2-1）。

图2-1 点状图案设计

线，被看作点的移动轨迹。在图案设计中，线表现了重要的形式美感。如新石器时期彩陶纹样上的线形饱满生动；汉画石用线古朴雄厚有力；明清陶瓷用线柔美流畅、飘逸之至。由此可见，线的表情十分丰富，组合得当可以形成丰富的图形效果（图2-2）。

图2-2 线状图案设计

面，是由点的密集或线的移动而形成的。由于线移动的方向、角度有所不同，便会呈现出各种不同造型的面，如规则的几何形面，包括圆形、长方形、正方形、三角形等，各种肌理效果或偶然形成的不规则面，具象形面如太阳形、鹅卵石形、月亮形等（图2-3）。

图2-3　面状图案设计

二、风格美

风格是指服饰创作中表现出来的一种带有综合性的总体特点，表现为创作者对设计的独特见解和与之相协调所表现的艺术手法。不同的风格必须借用一定的表象特征进行阐述。每套服装、每件饰品，都可以有自己的风格；就一个设计师来说，可以有个人的风格；就一个品类、一个样式来说，又可以包含时代、民族、社会的风格。

服饰的风格是指服装和配饰所传达出的具有某种形态特征的总体表现。其中，服饰图案对于服饰风格的表现起着至关重要的作用。某种风格的服饰必然有与之相配的图案表现，某种图案的设计一定会依附于表现相应风格的服饰，两者相辅相成，相互映衬（图2-4）。

图2-4 风格美

三、工艺美

工艺美是指利用不同的工艺手法，如刺绣、镂空、编结等，完成服饰图案的设计并形成不同的美感。工艺美产生的是关于服饰本身的一种美感体验，比如采用刺绣手法体现一种民间的技艺，编结则使图案更加立体化，具有一种半浮雕的视觉效果，数码印花则会赋予图案一定的时代气息、利用针织的工艺形成厚重的图案效果等。设计师应该在明确设计主题的基础上，选用适合的工艺手法来完成服饰图案的设计（图2-5）。

图2-5 工艺美

第三节 服饰图案设计的形式美法则

什么是形式美？吴冠中先生曾在其自述中阐述了对于"形式美"的一些看法，"绘画的美主要依靠形式构成，我也极讨厌工作中的形式主义，但在绘画中讲形式，应大讲特讲，否则便不务正业了……。经常有人在其作品前向我解释其意图如何如何，我说我是聋子，听不见，但我不瞎，我自己看。凡视觉不能感人的，语言绝改变不了画面，绘画本身就是语言，形式的语言。"由此可见，所谓的"形式美"不单单从理论上阐述设计的美感表现，更要求将实践与理论相结合。

形式美法则是形式美的主要构成因素，而构成形式美的感性介质之间的组合规律或构成规律便是形式美法则。这些规律包括：变化与统一、对称与均衡、节奏与韵律、对比与和谐。这些规律之间相互影响，相辅相成。对于设计者来说，这些形式美法则不应该成为束缚思想的条条框框，而应该使其成为优秀设计作品的基石。

一、变化与统一

变化，是指事物在形态上或本质上产生新的状况。古人孔颖达对于变化的解释："变，谓后来改前，以渐移改，谓之变也。化，谓一有一无，忽然而改，谓之为化。"

任何的服饰图案设计必须具有统一性，这种统一性越单纯，越有美感。很多设计者过分追求这种统一性，往往忽略了图案的变化因素，使服饰整体产生凝固，缺少变化的状态。所以说只有统一而无变化，是不能使人感到作品的趣味性，因此美感也不能持久。缺少变化对观者产生的刺激感，服饰也就不能够引起人们对于美产生的共鸣。但是对于变化的尺度也要掌握，无规律的变化必然会引起混乱和繁杂，所以图案的变化必须从统一中来（图2-6）。

图2-6 变化与统一

二. 对称与均衡

对称是指图形或物体两边的各部分在大小、形状和排列上具有一一对应的关系。均衡则是指布局上的等量不等形的平衡，即图形或物体两边不具有对应关系，但在视觉上形成平衡之感。

服饰图案以对称或均衡的形式出现，从某种意义上说都可以达到平衡的视觉效果。对称与均衡是互为联系的两个方面，对称的图案设计能够产生均衡感，而均衡的状态又包括对称的因素在内。造型、色彩、布局的对称或均衡的组合，都是形式美中比较常见的现象（图2-7）。

图2-7 对称与均衡

三、节奏与韵律

节奏是指音乐中交替出现的有规律的强弱、长短的现象。韵律又叫声韵或节律，常指诗词中的平仄格式和押韵规则，现多引申为音响的节奏规律。

服饰图案设计的节奏与韵律美通常表现在重复上，这种重复可以是图形间距不同、形状相同的重复；也可以是形状不同、间距相同的重复；还可能是其他方式的个体元素的重复。这种重复最重要的条件是具有相似的个体元素，或间距具有一定的规律性；其次是节奏的合理性，以人体作为蓝本，根据人体的起伏设置有效的节奏分布。通过设计元素有规律地重复、线条的错落排列，使得各种造型比例均衡、错落有致、和谐统一，产生出强烈的美感（图2—8）。

图2-8 节奏与韵律

25

四、对比与和谐

对比是指把具有明显差异、矛盾和对立的双方安排在一起，进行对照比较的表现手法。和谐则是对立事物之间在一定的条件下，进行辩证的统一，形成相辅相成、共同发展的关系。

服饰图案设计所体现的对比与和谐可以体现在图案的色彩、造型等方面（图2-9）。

图2-9　对比与和谐

五、点缀与呼应

点缀是指在原有事物的基础上加以衬托或装饰，使原有事物更加美好。如服装造型较为简单，没有过多的设计结构分割，为了突出服装的设计意图，一般会在服装的肩部、胸部、腰部等部位设计单独的图案，对原有的服装进行点缀，起到画龙点睛的作用。呼应则是指前后关联，互相照应。呼应本是构图表现方法之一，指画面中的景物之间要有一定的联系。在服饰图案设计中呼应多指同一种图案多次出现在服装的不同位置（图2-10）。

小结

服饰图案的设计离不开美学理念的指导。本章着重从设计的审美意识入手，研究服饰图案设计的方式和方法。力求从多个角度、更加全面地阐述服饰图案设计的形式美法则。作为设计师只有将这些法则融会贯通、熟练掌握，才可以更好地进行图案设计工作。

本章思考与练习

1.选取某位大师的作品，并对其进行美感分析。

2.根据服饰图案设计的形式美法则进行图案设计，并应用于服饰中。

图2-10 点缀与呼应

第三章 服饰图案
的创意过程

第一节 服饰图案的灵感来源

一、灵感的概念

　　什么是灵感？在《辞海》中是这样解释的：灵感，一种人们自己无法控制、创造力高度发挥的突发性心理过程。灵感，即文艺、科学创造过程中由于思想高度集中、情绪高涨、思虑成熟而突发出来的创造能力。柏拉图在其对话集《伊安篇》中，把灵感解释为一种神力的驱遣和凭附，当诗人获得灵感时，"心理都受到一种迷狂支配"。古希腊哲学家德谟克利特在其著作中提到："一位诗人以热情并在神圣的灵感之下所作的一切诗句，当然是美的。"其实，灵感的产生是创造者对某个问题长期实践、经验积累和思考探索的结果，它或是在原型的启发下出现，或是在注意力转移致使紧张思考的大脑得以放松的时机出现。由此可见，在进行创作时产生的灵感并不是空穴来风，而是在日常的生活中，通过点点滴滴的积累而成的。

　　人们对于灵感的特点作了如下归纳：

　　①突发性：灵感不同于实物的形态，看得见摸得着，在某种程度上说它来得快去得更快，因此要求我们及时准确地对灵感进行记录。

　　②独特性：灵感是创造性思维的结果，它的出现与设计者本身的经历、知识储备、生活环境等密切相连。个体不同，灵感的来源、表现也有所不同，因此独特性也就成为其显著的特点之一。

　　③情绪性：灵感通常是设计者在经过长期的思考，在某些事物的触动下出现的，它与人的情绪息息相关。设计者在闪现灵感的一瞬间往往是兴奋地、紧张地，由此灵感也就伴随着设计者的情绪而产生。

二、灵感的来源

　　当我们试图了解服饰设计的风格时，其包含的服饰图案设计可以成为很好的切入点。服饰图案的创作与灵感来源是密切相关的。每种服饰图案的产生是不尽相同的，它可能来源于设计者特别感兴趣的东西，比如某次人生的经历、某个记忆深刻的地方、某种熟悉的情感、某件爱不释手的物件等，或者是自然界的某种色彩、肌理或形状，甚至某种味道或感觉都可以带给设计师灵感。比如，于2008年初拍摄的科幻片《心灵传输者》就曾为科学家提供了灵感。麻省理工学院物理学教授麦克斯·泰格马克(Max Tegmark)说，尽管科学家指出了《心灵传输者》的缺陷，但这部影片还是与此前上映的其他科幻片一样，继续为实验科学家提供灵感，并在实验室老鼠身上加以实践。

　　灵感的来源是非常丰富的，但是"灵感全然不是漂亮地挥着手，而是如健牛般竭尽全力工作的心理状态"（柴可夫斯基）。作为服饰图案的设计者可以从很多角度对灵感进行获取，但是值得注意的是参考的范围要广、选择的面要精、积累的时间要长、确定的瞬间要准。只有积极地、主动地获取灵感，而不可消极地、被动地等待灵感的降临。

服饰图案的灵感与很多设计一样，可以从生活、自然、姊妹学科、科技等方面获取灵感。

1．自然景物

自然界的各种景物自身充满了各种各样的美感。这些美感有的是显而易见、一目了然的，有的则需要有一双发现美的双眼去诠释，去描绘它。自然景物包括山川、湖泊、日月星辰以及各种植物等。如

落叶在生活中是比较常见的自然景物，但是通过气温的急剧变化，使水汽直接凝结在落叶上形成的白色冰晶，进而产生意想不到的美感（图3—1）。图3—2则是通过放大的拍摄手段，将绿色植物的多彩性呈现出来。由此可见，在通过自然景物寻找图案的设计灵感时，要善于从不同的角度、不同的思维方式对景物造型进行挖掘。在图案的设计变化过程中，既可以保留自然景物的色彩、造型，并将其形态进行图案化处理，也可以保留景物的特点，如色彩、造型或是感觉的某一方面，再对景物进行抽象处理（图3—3）。

图3-1　霜冻落叶

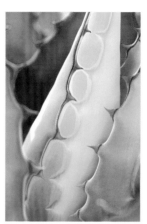

图3-2　犹他州龙舌兰

图3-3　对景物
的抽象处理

29

图3-4 紫甘蓝的横截面呈现的图案

图3-5 生活中美的呈现

2．日常生活

灵感来源于日常生活，可以说灵感是生活赐予热爱它的人的一种财富。从生活中去挖掘设计灵感，是最为直观而有效的一种手法。图3-4紫甘蓝是较为常见的一种蔬菜，通过切割，可以看出其横截面形成较为明显的图案造型。作为设计者即可将这种图案完整地运用到服饰图案的设计中，也可以利用叶子之间的纹理进行图案再创造。生活中一些不经意的细节时刻都在展现其独特而又优美的造型，只要我们细心地加以观察，便可以将这种美感再次呈现给世人（图3-5）。

3．异域文化

不同的国度会产生不同的社会文化，而不同的社会文化便会造就不同的文化现象。积极吸取异域文化的精华，并且利用其广泛的传播性和鲜明的代表性，可以成为获取灵感来源的有效途径之一。从大方面看，西方社会较东方社会开放，文化上讲究独立性，强调个性，因此体现在设计方面强调一种视觉冲击力、夸张感。而东方社会普遍的倾向是展现一种人与环境、社会的和谐感，在设计方面则体现一种统一、和谐、内敛的美感。如浮世绘，是日本非常典型的一种风俗画，主要描绘人们日常生活、风景和演剧。浮世绘通常以彩色印刷的木版画形式呈现，但也有部分手绘的作品。浮世绘线条精美，对人物、景物刻画细致入微，色彩则较多地表现出一种和谐的美感（图3-6）。图3-7表现的是印度传统舞蹈场面及舞蹈演员的特写，从中可以发现很多具有图形美感的地方。无论是舞蹈的道具、妆容，还是演员的服饰，都可以成为服饰图案设计很好的素材。由此可见，我们可以通过对异域文化的再研究，并且不断地加入新内容，使古老的文化呈现出更加多元化的状态。

图3-6 日本传统浮世绘

4．动物外观

　　动物是自然界生物中的一类。目前已知的动物种类大约有150万种，可以分为无脊椎动物和脊椎动物。通过大量的工作，科学家已经鉴别出4万多种脊椎动物，如鲤鱼、黄鱼等鱼类动物，蛇、蜥蜴等爬行类动物，还有大家熟悉的鸟类和哺乳类动物。科学家们还发现了大约130多万种无脊椎动物，这些动物中多数是昆虫。由此可见动物的种群是多么的庞大，我们可以从中获取丰富的灵感来源。其中很多动物的外观已经被运用到服饰图案的设计中。如豹纹已经成为近几年每季服装流行的必备元素，或狂野、或妩媚地体现出各种不同的服饰风格。还有一些被我们忽略的动物，也在展现各种不为人知的美丽（图3-8）。

图3-7 印度传统舞蹈

31

图 3-8 动物外观

5.姊妹艺术

与服饰设计相关的姊妹艺术包括:建筑设计、广告设计、产品设计、民俗文化等(图 3-9)。从古至今艺术设计之间就是相互贯通的,很多姊妹艺术都可以为服饰设计所用,如建筑中的线条可以转化成服装中的结构线,广告中的色彩可以应用到服饰色彩中、某位绘画大师的名作也可以搬到服饰作品中。图 3-10 中便将克里姆特的画作作为图案应用到服装设计中。

图 3-9 姊妹艺术

图3-10 克里姆特画作在服饰中的运用

第二节 服饰图案的素材采集

一、服饰图案的素材收集

1. 确定设计方向

服饰图案的设计一般都属于目的型设计，即明确服装的类型、风格，需要什么式样的图案与之相配，以上内容设计者都要做到心中有数。只有明确设计的方向，并在这种大方向的指引下，所做的一系列工作才不会偏离主题。

2. 进行资料收集

确定设计方向之后，就要针对设计的主题进行资料收集。设计者面对纷繁杂乱的信息，应该如何进行取舍呢？如何才能做到收集的资料都可以为主题服务呢？我们可以从以下几个方面入手。

（1）色彩方面：从色彩的角度获取灵感是非常直接的一种手段。设计的主要方向确定后，针对不同的方向寻找相对应的色彩资料，资料的范围可以根据自然景物、日常生活、异域文化等几个方面进行收集。例如，设计主题为"浪漫田园"，为了表现田园间诗般的浪漫与舒适，在色彩的选择方面，应把大的范围锁定在低纯度、高明度的色彩上面（图3-11），而避免出现多个高纯度色彩相搭配的情况。

（2）造型方面：关于服饰图案设计的资料收集，造型部分起到很重要的作用。设计者的想法和灵感

图 3-11　根据素材选用色

是抽象的、思维性的、看不见摸不着的，但是可以通过选取造型相似的图片加以具象化。比如，设计主题是关于花卉的，那么设计者在进行资料收集的时候，可以选取大量描述花草造型的图片。

（3）服装主题方面：顾名思义服装主题就是要求设计者明确创作的图案运用到什么主题的服装中。如果为运动装进行图案设计，在资料收集的时候应选取画面动感较强，可以体现速度、激情的图片。

3．激发灵感

突发性、独特性和情绪性决定了灵感的不稳定性，从收集的大量资料中，设计者要善于迅速而准确地挑选出符合设计主题的资料。根据选取的资料反复思考，并激发大脑对此作出快速反应。大部分的灵感一闪而过，作为设计师可以随身携带一个笔记本，将脑中的想法或构思快速记录下来。

4．归纳资料

归纳资料是将收集的资料归类。将用于设计不同方面的资料分门别类地放置在一起，这样可以减

少寻找的时间，也便于设计师对于突现的灵感做快速反应。

5．将灵感具象化

通过以上的步骤，灵感已经越来越清晰地呈现在我们面前，接下来便是将以上的想法付诸于纸上。可以运用软件、手绘等手法将灵感具象地呈现。表现的内容包括图案的造型、色彩、结构以及应用相关服饰的造型等。

6．整体完善

综合各项因素，将完成的图案设计进行最后的完善，主要将重点放在解决图案造型是否具有美感、完成度如何、能否与主题相吻合等一些列问题上。

二、服饰图案素材的应用变化

收集的素材如何运用，我们将通过下面一系列案例进行分析和总结。

图3-12是根据素材进行图案的变化。设计者在进行图案变化之前，要先研究所收集素材的特点，根据素材的色彩、造型等方面进行图案的再设计。

图 3-12　图案的变化

图3-13灵感来源于斑马的条纹。作者没有将斑马的纹路简单地拿来使用，而是在进行图案创作时，将斑马身体的条纹做疏密处理，再结合马尾流线般造型形成服饰图案的具体造型，这样做在一定程度上丰富了画面效果，使图案产生有节奏的韵律感。

图3-14作品灵感来源于霓虹灯下的都市。图案设计主要以简洁的几何造型为主，将都市建筑加以平面化的表现。在色彩选用方面，以黑色为主色调，配以日落红和霓虹黄，通过色彩的配置体现都市繁华喧闹的场面。

图3-13 素材的应用变化

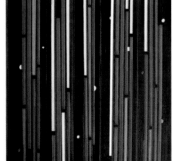

图3-14 素材的应用变化

图3-15作品灵感来源于俯视的城市地图。作者试图用建筑的语言表现服饰图案的柔软质感。图案变化较好地掌握了松紧的节奏，一张一弛间体现出作品的通透性。

图3-15 素材的应用变化

小结

灵感是设计的源泉。本章通过对灵感概念和来源的分析，使设计者可以及时、准确地把握住稍纵即逝的灵感。在此基础上可以对设计的主题或目的做更加深入的分析。服饰图案素材的收集则明确了设计的各项步骤，对服饰图案的创作起到事半功倍的效果。

本章思考与练习

1.拟定一个服饰图案的设计主题，并根据这个主题做素材的收集。

2.根据收集的素材进行服饰图案的设计，要求形象或意象地体现素材特点。

第四章 服饰图案的造型设计

服饰设计和服饰图案设计两者相辅相成，缺一不可。虽然有些服饰没有加入图案的设计元素，但是随着时代的发展，越来越多的人需要运用图案这一设计语言来表现个人的独特性。所以说服饰的设计需要运用图案设计进行升华，而图案又需要服饰这一物质载体进行表现。

造型，指创造物体的形象。造型既包括平面的形态设计，也包括立体的构成设计。本章涉及的服饰图案的造型主要从平面形态的角度对服饰图案的设计进行阐述。造型设计是服饰图案设计的重要组成部分。服饰图案造型设计首先要确定图案的形态来源，其次确定图案的组织形式，两者结合才可以产生完整的图案造型。

第一节 服饰图案的造型

服饰图案涉及的造型主要由具象造型和抽象造型组成。

一、具象造型

具象造型是依照客观对象的真实面貌进行写实的构造，其形态与实际形态相近，反映对象真实的细节和典型性的本质。服饰图案中具象图案的来源通常根据动物、植物、人物等的造型进行适当的变化而获得，根据具象化的程度有所不同，产生图案的效果也有所区别。

1．植物造型

植物在我们的日常生活中十分常见，无论是它的枝叶还是花朵都被广泛地应用到各种装饰设计中。其中，花朵更是被赋予各种寓意，使之成为感情表达的载体，例如玫瑰象征真挚的爱情、牡丹象征繁华富贵、百合则象征心想事成、百年好合等。在中华五千年源远流长的文化中也出现了很多关于花朵的诗词，例如描写花的有："红入桃花嫩，青归柳叶新"（唐·杜甫《奉酬李都督表丈早春作》）"百叶双桃晚更红，窥窗映竹见珍珑"（唐·韩愈《题百叶桃花》）；也有借花明志抒情的，如唐伯虎的《桃花诗》"桃花坞里桃花庵，桃花庵下桃花仙，桃花仙人种桃树，又摘桃花换酒钱！酒醒只在花前坐，酒醉还来花下眠，半醒半醉日复日，花开花落年复年，但愿老死花酒间，不愿鞠躬车马前，车尘马足富者趣，酒盏花枝贫者缘，别人笑我太疯癫，我笑他人看不穿，不见五陵豪杰墓，无花无酒锄作田"，文征明的《钱氏池上芙蓉》"九月江南花事休了，芙蓉宛转在中洲。美人笑隔盈盈水，落日还生渺渺愁。露洗玉盘金殿冷，风吹罗带锦城秋。相看未用伤迟暮，别有池塘一种幽"。

除此之外，世界各民族通过不断的积累还创造了很多造型别致、形式丰富的植物纹样。如古代的波斯纹样、日本的光琳纹样、欧洲的佩兹利纹样等，无一不是异彩缤纷、美不胜收。

服饰图案中的植物造型通常以植物的花朵或者将花朵和枝叶两者相结合的形式呈现。在设计时要注意以下几点：

（1）单独以花朵作为图案

花朵是由花萼、花蕊、花瓣和托叶几个部分组成的。这几个部分同时也是花朵图案的造型基础。单独以花朵作为图案时，我们要着重表现花朵的姿态，如正面、半侧面和侧面等，并且要注意对花头细节和局部特征的刻画。

花朵图案与服装整体的比例也要仔细斟酌。花头大小的不同直接影响到服装风格的表现。如充满乡村风格的服装中经常出现各式各样的小碎花，而表现热带风情的服装使用较多的是大朵的花头。

（2）将花朵和枝叶结合

当服饰中出现花朵和枝叶相结合的图案时，要着重表现的是花朵与枝叶间的穿插关系和枝与叶的结构。花枝是指植物的茎部，主要起到输送养分的作用。按照不同植物的生长特点可以将花茎分为直立茎、缠绕茎、攀缘茎和匍匐茎四类。进行图案变化时既要表明植物枝叶的生长状态又要将花头和枝叶的前后遮挡关系处理清楚，如紫藤、三色堇、牵牛花一类藤本植物便是既要考虑到枝干的缠绕性又要想到花朵位置的摆放（图4-1）。

总之，服饰图案中使用植物造型时，不仅要处理好图案本身的层次关系，更要使图案的风格融入到服装本身的设计中。

图4-1 花朵图案

2．动物造型

在服饰图案设计中，动物的造型随处可见。由于动物形象具有较强的现实意义，以某种动物形象出现的服饰便会带有一定的个性和感情色彩，因此采用动物造型作为图案的服装通常具有较强的趣味性和表现性。

动物与人类服饰的发展息息相关。物质生活方面表现为人类早期的生活中将动物的毛皮做成衣服，用贝壳制成饰品，其形象生动而鲜活。精神生活方面表现为将动物的形象应用到服饰中，并赋予一定的寓意。比如中国人将龙作为民族的形象标志，封建皇帝的服装中龙的形象比比皆是；古埃及人将眼镜蛇和鹰作为他们的保护神，从各种出土的文物中便可得到证实。

在动物学界，科学家为了更好地对动物进行研究，便把相似的动物归为一类，如兽纲、鸟纲、爬行纲、鱼纲、昆虫纲和贝钢。我们在进行图案设计时，要根据每种纲目动物的特点进行夸张和变化。如何针对不同的服饰特点进行动物造型的设计，可以从以下几个方面入手：

（1）强化造型特点

首先应该了解写生动物的结构特点。结构是每种动物区别其他种类的重要因素及标志，由于每个

物种的生活环境不同也造就了它们不同的结构特征。如长颈鹿的脖子、大象的鼻子、公鸡的冠子和兔子的耳朵等，这些显著的结构特征给人们留下深刻的印象，强化它们可以使动物的形象更加鲜明立体。

其次对于不同的动物所呈现的神态也是有所区别的。动物造型的图案变化是否能给人留下深刻的印象，很大一部分取决于对动物神态的把握，其中动物面部表情成为变化的主要方面。因为动物的喜、怒、哀、乐等心理活动大部分都是通过面部表情来表现的。

（2）图案造型与服装设计相结合

我们在此阐述的不单单是如何进行动物造型的变化，最重要的内容是如何将图案造型的设计与服装相结合。不同的动物带给人们不同的心理感受，例如老虎使人联想到凶猛、狐狸使人想到狡猾、兔子则让人产生怜爱，将这些不同的心理感受应用到服装中则要做到恰如其分地取舍。设计者一般在进行服装图案设计时，很少采用动物的贬义性，如用到老虎、豹子等动物，我们不是突出其凶猛、杀戮的特性，而是将重点放到其优雅的体态或者皮毛的花纹设计中，例如采用其毛皮华丽的纹路设计而成的服装充满一种野性和放荡不羁的感觉。

不同类型的服装在选用动物图案时也会有所不

图4-2 动物图案

同。休闲装相对选择范围比较宽泛，动物图案可以写实也可以夸张变形，重在突出轻松、闲适的状态。童装较多采用夸张变形后的动物图案，动物造型可爱，意在表现孩童的天真烂漫。前卫的服装较多将动物的形态进行分解，将某个部位进行夸张的处理，力求产生强烈的视觉冲击（图4-2）。

3．人物造型

人物造型是图案创作的重要题材之一。随着时代的发展，人物图案的造型、工艺、用途等有了长足的发展。人物图案的来源广泛，从新石器时代的彩陶人面像到唐三彩中丰腴的仕女图，从古埃及的壁画图案到印加古国的神秘人物图腾，这些都为我们人物图案的设计提供了丰富的素材。服装图案设计中采用的人物造型又从工艺手法上有了一定的创新，或刺绣、或珠绣、或彩印各种手法相得益彰。

人有一定的社会属性和社会特征，因此要求设计者对人物的各种特征要有所了解和把握。在服装中，关于人物造型的服饰图案设计主要包括头部造型、全身造型、人体各部分的造型设计。如何进行人物造型的图案设计主要包括以下几个方面：

（1）抓住人物特征

进行人物变化时要将人物的自然特征进行合理地夸张。首先不同的种族，其外观特征有很大的区别。比如身材、肤色、脸型、发质等都不尽相同。欧洲人身材较为魁梧，肤色白皙，脸部轮廓分明，五官清晰，进行图案变化时要将这些特点进行突出。其次性别不同，人物变化的重点也有所区别。男性的身材高大、肩宽臀窄、肌肉发达，在进行图案变化时倾向于突出男性倒三角形的身材特征；女性身材相对娇小，身形成S形曲线，在进行图案变化时要突出女性柔美的曲线，设计重点较多地放在胸部、腰部和臀部的处理上。有时候服装中出现的女性形象也有将重点放到头发、眼睛等部位。

（2）掌握变化风格

图4-3 人物图案

人物变化的风格、部位、手法都要与服饰相协调。有的服装采用人体某一部位进行设计，比如将不同女人性感的红唇作为图案，并布满服装，使服装呈现一种特有的趣味性；或者将人体的手臂以某种动态固定在服装上，使服装呈现出一种玩世不恭的意味。有的服装将人物的图案进行图案化处理，并采用纯度较高的色彩进行填充，产生较浓厚的装饰味道。还有的服装直接将写实的人物应用到服装中来表现一种强烈的现实意味。

总的来说，采用人物造型的图案设计趣味性较强，服装款式造型相对简洁，并以突出图案的造型为主。设计者在设计服装时，可以通过人物造型的加入使服饰整体充满另类、前卫的视觉感受（图4-3）。

4．景物造型

景物造型是指通过对生活中各种物品的形态进行艺术加工而形成的服饰图案造型。内容涵盖非常广泛，包括日常生活用品、电竞产品、各类场景造型等。将景物作为图案使用时，一般采用两种比较常用的手法。一是将景物平面化、图案化，如将香烟盒的平面图案作为一个图案单元并进行扩展排列，形成服饰图案；二是将景物以立体化的造型装饰在服装上。此种图案设计手法类似将景物的造型作为饰品与服装搭配。利用景物的造型作为服饰图案的装饰手法具有浓厚的趣味性，可以体现设计者独特、新颖的创意（图4-4）。

图4-4 景物造型

5．文字造型

文字造型的设计通过对数字、字母、文字的变形进行图案的创作（图4-5）。

图4-5 文字造型

二、抽象造型

抽象造型不是直接模仿或展示，而是根据原形的概念及意义设计的观念符号。抽象造型没有固定的形态，具有一定的不可复制性，并使人无法直接辩清原始的形象及意义。

1．几何造型

几何造型设计是指服饰图案采用非物态形式进行呈现，其中较为典型的是波普图案的设计。波普风格的图案并不是一种单纯的一致性的风格，而是多种风格的混杂。它在设计中强调新奇与奇特，大胆采用艳俗的色彩追求大众化的、通俗的趣味，作品常给人以强烈的视觉冲击力。如波尔卡原点，波尔卡圆点一般是指同一大小、同一种颜色的圆点以一定的距离均匀地排列而成。随着时代的发展，这种令无数女人疯狂的圆点风头依旧，还不断推出很多变形的图案。将圆点的大小加以变化，并按照一定的轨迹加以排列，这种变化使传统波尔卡圆点再次绽放出耀眼的光芒。

几何形态具有多意性，直线、曲线、格子、不规则形态等造型多变，通过不同的造型组合形成不同的风格（图4-6）。

图4-6 几何造型

图4-7 动物纹理造型

2．动物纹理造型

自然界的动物不仅结构不同，其体表的皮毛也呈现出纷繁的状态。利用动物皮毛的花纹或纹理进行变化也是服饰图案设计的重要组成内容之一。动物的毛皮呈现出五彩斑斓的图案，我们在设计的时候，不一定要原封不动地照搬下来，也可以根据具体情况加以改动。通过变化后的图案会更加符合服装的风格，体现服装的个性。动物纹理造型就是指采用自然界各种动物的体表形态进行变化而产生的图案，如猎豹的斑点纹、斑马的条纹、鱼的鳞片纹等（图4-7）。

3．肌理造型

服饰图案的肌理造型设计是指通过各种服用材料或非服用材料通过人为的方式对材料的表面效果进行再创造，或者可以说肌理造型是通过人的不同感受而构成的视觉或者触觉效果。任何材料表面都有特定的肌理效果，不同的肌理具有不同的美感与个性，对人们心理反应会产生不同的影响。服装中的肌理造型不同于大多数服饰图案的平面造型，它可以形成半立体或立体的效果。如裘皮服装可以通过动物毛色的不同形成相对立体的图案，利用各种珠绣形成不同的半立体图案。在进行肌理造型设计时，设计者可以根据材质、图案的不同表现出或粗犷，或细腻，或坚实，或轻柔，或厚重的视觉效果（图4-8）。

图4-8 肌理造型

第二节　服饰图案的组织形式

图案在服装设计的应用过程中,由于目的不同,其组织形式也大相径庭。服饰图案的组织形式通常可以概括为个体图案和连续图案,如果涉及到具体的服饰图案设计又可以从这两种基本组织形式上加以演化,进而形成丰富多彩的图案构成。

一、个体图案

一个单独的纹样造型表现形式称之为"个体图案"。个体图案是独立存在的,不受周围图案的影响,因此个体图案独立性强,并且可以单独表现某种寓意。根据图案的构成形式可以将个体图案分为对称式和均衡式两种。

1.对称式

对称式指图案以某个中轴线进行镜像翻转,形成左右或者上下对称的图形。设计对称式图案时,通常较多选择大型的花卉图案,左右或上下两边的对等,使图案较为稳定,因此对称式图案给人以端庄、稳重之感（图4-9）。

2.均衡式

均衡式指图案造型不均等,但是通过图形的变化寻求一种视觉平衡。均衡式图案较对称式图案造型灵活多变,给人一种新颖生动的视觉感受。均衡式图案的设计灵活度较大,但应注意图案形态、色彩之间的呼应关系（图4-10）。

图4-9　对称式造型

图4-10 均衡式造型

3 . 个体图案的设计方法

个体图案具有相对的独立性,通常这种图案的造型变化既不受外形的影响,也不用考虑与周围图案的衔接性,所以在设计效果上可以令人感到图案饱满、比例协调、造型完整。在设计时我们可以从以下几个方面来考虑:

(1) 服装的设计风格

服装的设计风格与图案的表现类型息息相关。对称式图案左右或上下对等,因而会产生稳定的感觉,可以运用到正式场合或出席较严肃场合穿着的服装中,如正装礼服、职业正装等。均衡式图案设计不追求图案的完全对等,而是强调视觉上的平衡,

47

因此图案设计较为灵活，通常一些设计比较前卫的服装会采用均衡式图案。

(2) 图案主题明确

个体图案的来源非常广泛，如动物、植物、建筑物等，都可以成为一个个体图案。设计时要明确图案的主要内容，避免想要表现的内容过多而产生喧宾夺主的感觉（图4-11）。

(3) 布局合理

在服装设计中出现图案的服装大多是为了表现图案的形式感和造型感，因此服装款式设计趋于次要地位，款式一般呈现出较为简洁的状态。图案大多置于服装的视觉中心，如胸部、肩部、背部等。服饰图案的布局要以服装整体为背景，讲究相互之间的呼应关系（图4-12）。

图4-11 图案主题明确

图4-12 布局合理

二、连续图案

连续图案指由一个或一组基本图案向四周有规律或无规律地扩展，形成较大面积纹样的图案构成，包括二方连续、四方连续和散乱连续。

1．二方连续

由一个或一组基本图案有规律地向上下或者左右持续扩展的图案形式被称作二方连续图案。二方连续由于自身的特点，在设计中较多运用到服装的边缘，如袖口、领口、衣摆等部位。也有部分服装图案的设计是将多条二方连续图案进行组合，形成较为完整的满地图案，应用于服装全身（图4-13）。

图4-13 二方连续

图4-14 四方连续

2.四方连续

由一个或一组基本图案有规律地向四周持续扩展的图案形式被称为四方连续。四方连续图案多应用于服装全身，此种服装结构设计不会过于复杂，而将视觉重点放到图案的表现上（图4-14）。

3.散乱连续

由一个或一组基本图案无规律地向四周持续扩展的图案形式被称为散乱连续。此种方法设计的图案会产生活泼而多样的图案特点，但在设计时要避免产生乱而无章的现象（图4-15）。

图4-15 散乱连续

小结

图案的造型设计是服饰图案的基本组成单位。本章通过对服饰图案造型、组织形式两个大方面的研究分析，详细阐述了服饰图案造型设计的方法。设计者在进行图案创作时，可以参考文中提到的组织形式与设计方法，将图案设计进行有效的变化与发展。

本章思考与练习

1.进行具象和抽象的图案造型训练。

2.分别选定一个具象和一个抽象造型，进行个体图案和连续图案创作的练习。

第五章 服饰图案的色彩设计

色彩是人对周围环境的一种自然反应，也就是说人的眼睛受到来自周围环境光的刺激后，将这种刺激信号传输到大脑视觉中枢神经中并由此产生的一种感觉。色彩对我们认识、分析和解读艺术作品起到了不可忽视的作用。例如当欣赏一幅艺术作品时，我们可能与作者位于不同的国度，但是通过对作品色彩的解读便会产生一种共鸣，此时色彩便成为一种沟通的桥梁。

服饰图案的色彩设计在服装设计中也占有举足轻重的位置。服饰图案的色彩设计不仅仅是颜色之间的搭配、现实色彩的再现，更是不同设计语言的融合。

第一节 服饰图案色彩设计的基本原理

我们看到的各种各样丰富多彩的图案中，古朴威严如饕餮纹，浪漫优雅如卷草纹，丰满圆润如佩兹利纹无一不是形态各异、风骚各领。图案之间色彩的搭配如赭石＋土黄＋橘黄、土红＋鹅黄＋朱红、天蓝＋柠黄＋茄紫等交互辉映，相得益彰。色彩之间的组合或激烈、或缓和，营造出一幅幅动人的画面。

图案是由一组组色块组合而成的。块面之间的色彩关系决定了图案的造型，而图案的造型又进一步决定了服饰的风格、形态。由此可见色彩与色彩

图5-1 无彩色组合

之间的组合在服饰图案设计中起着尤为重要的作用。针对服饰图案出现的色彩组合，作如下归纳：

一、零度组合

零度组合即涉及的色彩组合中没有出现色相之间的变化，其中包括无彩色组合、无彩色与有彩色组合、同种色相组合和无彩色与同种色相组合。

1.无彩色组合

无彩色的组合如黑与白、黑与灰、黑与白与灰等（图5-1）。服饰图案采用无彩色之间的组合，可以突显一种形式感，强调图案的个体性。总的来说无彩色组合效果感觉大方、庄重、高雅而富有现代感，但也易于产生过于肃静的单调感。

黑色与白色在色彩中属于两个极端的组合。黑色稳重肃穆、白色纯净高雅，将两种色彩放到服饰图案中，会产生强烈的视觉冲突，此种组合形成的图案，充满浓厚的波普味道。采用无彩色组合的图案造型不会过于复杂，较多采用简洁的几何形态、抽象形态等，意在突出图案形态的纯粹、色彩的简

洁。在进行无彩色组合时，也会将黑色与灰色、灰色与白色或者黑色、灰色与白色进行组合，这类组合方式少了黑白组合那种尖锐的视觉冲突，但是多了一种层次更加丰富的内涵（图5-2）。

2．无彩色与有彩色组合

无彩色与有彩色组合如黑与红、灰与紫、白与灰与蓝等（图5-3）。此种组合效果既大方又活泼，无彩色面积大时，图案效果偏于高雅，有彩色起点

图5-2 无彩色组合

缀作用；有彩色面积大时活泼感加强，无彩色则起到调和作用（图5-4）。当服饰图案设计以黑色占主体地位时，服装整体风格较为稳重，其中点缀的有彩色选择范围比较宽泛，如橘黄、柠檬黄、大红等色彩纯度较高的颜色，或者灰紫、橄榄绿、土红等色彩纯度较低的颜色都可以与之搭配，形成不同风格的服装。当服饰图案设计以白色占主体地位时，服装整体风格较为轻快。无彩色与有彩色的结合不仅可以体现无彩色的沉稳，而且可以显现有彩色的丰富（图5-5）。

总的来说，采用零度组合的服饰图案色彩设计在配色方面比较容易达到和谐统一的效果，但是要

注意色彩块面之间的大小关系，色彩填充的图案造型以及图案在服装中的位置变化等问题。服饰风格和特点应当与图案及图案色彩进行很好的融合，使图案色彩的组合体现服饰的风格，而服饰的风格又可以更加突出色彩组合的完美。

图5-3 无彩色与有彩色组合

图 5-4 无彩色与有彩色组合

图 5-5 无彩色与
有彩色组合

二、调和组合

调和组合是指色环上相邻的两色或三色之间相距为大于0°小于等于90°之间的色彩组合，其中包括邻近色相组合、中差色相组合。

1．邻近色相组合

邻近色相组合指色环上邻近的两到三色组合，色相相距大约60°左右（图5-6）。此种色彩组合多以相近或相似的颜色采取不同明度或纯度进行变化。如蓝与浅蓝、橙与咖啡等。采用临近色相组合效果较易达成统一、文静、雅致、含蓄之感，但是也容易产生单调、呆板的弊病。

这种色彩组合为弱组合类型。由于色相差距不大，邻近色相组合成的图案效果感觉柔和、协调性较高，但同时会显得单调、无力。这就要求我们在设计图案时要注意色块的数量以及色相之间的穿插性。要适当加人明度差或纯度差创造出一种明快的氛围。当采用低明度或低纯度的色彩作为基色时，点缀色或主体图案色可以采用明度或纯度相对较高的本色系（图5-7）。

图5-6 邻近色相组合

图5-7 邻近色相组合

2．中差色相组合

色相组合距离约90°左右，如黄与绿、红与橙、蓝与紫等（图5-8）。中差色组合色调轻快，给人以轻松愉悦之感，并且又可以表现出统一、和谐的效果。中差色相组合的图案层次丰富，服装整体较容易形成统一色调。效果强烈饱满，组合既有力度又不失调和之感（图5-9）。

图5-8 中差色相组合

图5-9 中差色相组合

三、强烈组合

　　强烈组合包括对比色组合和补色组合，指色相组合距离大于120°的色彩组合，如黄与绿、蓝与紫、红与绿等（图5-10）。此种色彩组合效果强烈、醒目，但容易感到杂乱、刺激，造成视觉疲劳。我们在利用强烈组合色相进行图案设计时要注意以下几个方面：一方面可以将进行组合的几种色彩进行分配，选择其中一种颜色作为服饰的主体色调，即将这一色彩的面积进行最大化处理；另一方面可以将对比色相进行降调处理，即将对比色的明度或纯度降低，使它们之间色彩对比度减弱，从而形成一种和谐的美感，并且可以有效避免对比色之间处理不当形成的繁杂感觉（图5-11）。

　　在众多的服饰图案中，由强烈色彩组合的图案能够产生较强的视觉冲击力，但是在整体的把握上要注意图案造型、色彩之间的关系。

图5-10 强烈组合

图5-11 强烈组合

第二节　影响图案色彩的因素

服饰图案的色彩配置包括很多方面，不仅要求我们掌握色彩的基础知识、色彩的社会属性和文化属性，更重要的是理解不同的图案与色彩之间的微妙关系。服饰图案的组成主要由两方面构成：一方面是图案的造型，另一方面便是图案的色彩。在造型确定的基础上，色彩如何搭配变成了服饰图案设计首要解决的问题。

图案配置的色彩从表象方面来讲，在排除各种理论因素的前提下，至少需要博得观者的第一印象，如此说来便涉及到人们对于色彩的喜好问题。那么什么样的色彩可以获得人们的好感？又是什么样的因素在影响着人们对于色彩的喜好呢？我们从以下几个方面来对此进行分析：

一、社会的审美倾向

社会的审美倾向对于色彩喜好起引导性作用。有研究表明审美倾向在共同的地域和社会背景下有相同或相似的表现。经过漫长的历史积淀，形成了不同社会对审美倾向不一样的理解与表达。民族性的形成便成了社会审美倾向的集中表现。比如东方文化强调一种含蓄的美，讲究抽象寓意的表达。富有东方文化的色彩便以含而不露而著称，多采用灰调、纯度相对较低的色彩组合。西方文化则讲究个性，注重造型的表达，在色彩方面比较擅长使用高纯度的色彩组合来张扬个性。

由此可见不同的社会可以形成不同的审美倾向，审美倾向的差异对人们选择色彩又起着一定的引导作用。

二、群体的趋向暗示

不同社会群体决定色彩喜好的具体方面。不同的社会群体是由文化层次、生活状态、收入水平等几个方面综合作用而成的。某一个群体对色彩的选择具有相对的一致性。如一组中学生在选择色彩时，会不自觉地挑选大多数人选择的颜色，表现出群体的认同性。所以说研究不同的社会群体可以把某一群体的色彩喜好具体化，直观化。

三、人文环境的影响

人文理念对于色彩喜好起支撑作用。人类是群居化生物，这就形成了人与人之间相互交流、相互模仿的一个过程。这个模仿的过程受着国际环境、经济政策、文化理念等方面的影响。如随着时代的发展，人们对自然的开采与破坏日益严重，在这种大环境的影响下，低碳环保的理念便应允而生。这种理念在色彩方面的表现则是人们倾向于选择更加自然、原生态的色彩组合。

四、个体的色彩选择

个体因素对色彩喜好起决定性的影响。这里所指的个体因素主要指服饰图案色彩设计者本身。不同的个体由于所处环境、经历不同，对色彩的喜好也不尽相同。

小结

本章从服饰图案色彩设计的基本原理入手，详细介绍与分析不同色彩组合的服饰图案设计特点。并从实际运用的角度，对色彩配置进行归纳整理，力求将复杂的问题深入浅出地向读者阐述。

本章思考与练习

1.从影响色彩喜好的几个方面入手，分析不同色彩组合产生的原因。

2.根据色彩基本原理设计一组服饰图案。

第六章 服饰图案的设计与服装定位

第一节 不同服装分类中的服饰图案设计

我们在生活中接触到各种不同款式、色彩、面料的服装，如何对它们进行设计或者说如何对这些服装进行图案设计，得到的回答只能是非常概括的。由于服装的种类繁多，每类服装之间的区别都会或多或少影响对其款式或者装饰图案的设计。所以要想恰如其分地对某类服饰进行图案的设计，就必须采用科学定位的方法对服饰的属性进行归纳和整理，就好像在地图中要明确一个位置，就必须借助经度和纬度才可以确定，也只有这样才会设计出令人满意的作品。

明确服饰定位是设计者进行相关服饰品设计的前提条件，设计者只有在对服饰特征和属性有了全方位的了解之后才有可能设计出符合要求的图案。例如中老年女装和青少年女装图案便会有较大的区别。中老年女装图案普遍要求样式典雅，大方，色彩和谐，沉稳；而青少年女装图案则要求样式活泼，色彩艳丽等。

服装常见的分类便是根据人们熟悉程度以及接受程度进行划分的。

一、根据穿着者性别分类

1．女装

对女装进行服饰图案设计，首先要考虑的就是女性所具有的特征。女性自身具有柔顺安谧、敏感多情的性格和优雅生动、秀丽多姿的外观，这些特点向来被认为是一种极富韵致的美。

女性服饰图案的设计要偏重于突出表现女性柔美的性格特点，并要极尽所能采用各种美化的表现手法。在样式方面，服饰图案的设计要依据女性人体的形态和运动需要强调形式的多变，力求采用最简单的线条作为组成图案的基本元素，将线条通过人体的起伏形成变化丰富的效果。在色彩设计方面，图案色块之间搭配得清新脱俗、柔和素雅或艳丽明快是女装用色的突出特点，服饰图案色彩的美观悦目直接关系到服装风格的表达。在装饰工艺方面，通过精湛的手工技法，如抽纱、镂空、缀补、打褶、镶拼、绗缝、刺绣、扳网、滚边、花边、盘花扣、编织、编结等手法与服饰造型相结合，达到美化时装的目的。

总的来说，女装图案的设计内容广泛、造型多变、色彩丰富，设计者可以根据具体情况进行各种变化。图案的设计要为服饰的整体表达服务，强调图案在整体中的共融性（图6-1）。

图6-1　女装图案设计

2.男装

　　男装的设计需要表现男性的气度和阳刚一面，与女装表现的侧重点不同，大多设计将重点放到强调男性的严谨、挺拔和豪爽粗犷的特点上。男性服饰设计着重于整体的轮廓造型、简洁合体的结构比例、严谨精致的制作工艺以及和谐得体的服饰色彩。男装的图案设计要根据男性特点进行表现。区别于女性服饰图案的多曲线造型，男装的图案造型设计可以多采用几何形。在色彩设计方面可以适当降低色块的纯度，力求达到一种和谐的高级灰调，可以强调表现男性儒雅、低调的性格特征。在装饰工艺方面不仅要突出表现工艺的多样性和复杂性，还可

以从简约大方的角度出发，深度挖掘某种表现手法。随着时代的发展，男装的图案设计有了质的飞跃。传统上多应用于女装图案素材的花饰造型也被普遍应用到男装中来（图6-2）。

3.中性服装

　　中性服装是指可以男女共用的服装，比如风衣、工装裤、牛仔服、T恤衫等。中性服装的设计在一定程度上忽略男性和女性的性格特点，要求在款式结构上达到一种中庸的表现形式。中性服装的图案表现就要为中性而服务，体现内敛、和谐的特点（图6-3）。

图6-2 男装图案设计

图6-3 中性服装图案设计

二、根据穿着者年龄分类

1．童装

童装可以分为婴幼儿装和儿童装。婴幼儿装是指从出生到5岁的孩童所穿的服装，儿童服装是指6～11岁左右孩童所穿的服装。童装整体造型以宽松为主，图案设计上可以较多地采用各种符合儿童心理的动物、植物或卡通人物的造型。在图案的色彩设计方面，婴幼儿装和儿童装有细微的区别：婴幼儿装的色彩一般以浅色、柔和的暖色调为主，图案造型可以采用比较夸张的形态，突显婴幼儿的可爱；儿童装则可以适当强调色彩的对比性，颜色饱和度增强，图案范围增多，着重体现孩童活泼、开朗的特点（图6-4）。

2．青少年服装

青少年装可以分为少年装和青年装。

少年装是指大约10～18岁少年所穿的服装。这个阶段的少年身体处于发育阶段，体型有了一定的变化。但是，这个阶段的孩子处于求学阶段，校服是他们的典型服装。校服相对而言图案较少，图案以几何条纹为主，较少使用动物和植物的图案。在色彩设计方面，常以单色为主，简洁大方即可。

青年装是指18～30岁左右青年人所穿的服装。这个时期的人群体型已经发育成熟，并且对流行有着自己的见解，希望通过服装来达到吸引异性注意的目的，所以说这个时期是服装设计的主要针对人群。在服饰图案设计方面，图案要根据不同类型的

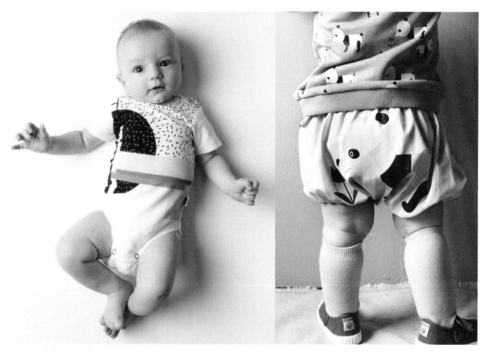

图6-4 童装图案设计

服装来选择，范围十分宽泛。色彩方面要紧跟流行趋势，体现丰富的设计内涵（图6-5）。

3．成年装

介于中老年和青少年之间的这部分人群可定义为成年人，成年装便是成年人所穿的服装。成年人具有相对稳定的世界观和人生观，受流行变化的影响较小，服装侧重于品牌化、品质化。设计服饰图案时，对于造型要求简洁精致、色彩不需要过多，但

是务必要协调。

4．中老年服装

中老年服装是指50岁以上中年人和老年人所穿的服装。这个年龄段的人群对流行已经失去关注度，在某种程度上体现出一定的保守和严谨。服饰图案的设计不要过于花哨，要体现一种和谐安逸的感觉。

图6-5 青少年装图案设计

三、根据服装用途分类

1.职业装

职业装是指在一定工作环境下，要求统一穿着的服装，我们称这样的服装为职业装或者制服。根据职业装所穿人群的不同工作性质，可以将其分为三大类。

一是指办公室人员穿着的服装。此类服装造型要求得体，给人以庄重优雅的感觉。服装款式变化不大，但是比较讲究细节的处理。色彩较为端庄，可以适当搭配纯度较高的颜色作为点缀。在服饰图案的处理上一般不会出现满地图案，而是以小型单独的图案作为点缀，在内容上以花饰较多，较少采用动物或其它个性的图形作为图案设计的内容。

一是指从事服务行业的工作人员所穿的服装，如空乘服务人员、餐饮业服务员等。此类制服的造型要求体现青春的朝气，给人以简洁、精炼的感觉。因此在局部的设计上，可以较多地采用图案作为装饰。

还有一类是指从事劳动生产的工作人员所穿的服装。此类服装强调的是功能性，一般不会或较少出现图案装饰。

2.运动装

对于运动装的设计，意大利设计师波拉曾说过:"全世界的人对运动装的喜爱是因为运动装本身舒服的特点。我能想象出许许多多乘坐飞机的人选择运动服旅行，因为这类服装穿起来舒服。另外风靡全球的hip hop 说唱音乐的乐手身穿运动装表演，也对它的流行起到推动作用，至少在美国是这样的。所以我觉得运动装的流行是自然而然形成的，人们希望过上舒适的生活。现代生活的节奏越来越快，越来越多的工作女性早上穿着球鞋上班，提包里装着一双高跟鞋，这些都是可以理解的。"

随着时代的发展，运动装不是简单地满足运动，而是将更多的流行元素加入其中，因此时尚功能性便是运动装设计的核心思想（图6-6）。

3.家居装

中国纺织品商业协会家居服专业委员会提出了家居装的定义:与家有关，能体现家文化的一切服饰产品。随着时代的发展，对于家居装的概念则越来越具象化，传统的穿着于卧室的睡衣和浴袍、性感吊带裙，可以出得厅堂、体面会客的家居装，可以入得厨房的工作装，可以出户到小区散步的休闲

图6-6 运动装图案设计

装等，这些都可以统称为家居装。

家居装的图案设计可以根据具体用途的不同而有所区别。用于卧室的睡衣图案可以采用富于女性化特征的式样，如各种蕾丝图案、花卉造型、各种曲线造型等，总之可以体现女性柔美、温婉的特征即可。用于出入厅堂和厨房的家居装图案可以根据个人喜好、年龄的不同采取适合的造型。比如年轻女性服饰图案可以采用卡通等图案；年长女性服饰图案则多以花卉，几何形为主（图6-7）。

图6-7 家居服图案设计

第二节 服饰图案的应用部位

不同的人体部位对应曲线各有不同,服装附着其上会产生不同的曲面,恰当的图案运用到合适的部位,便会产生强烈的节奏感,使服装充满激情与视觉冲击力。服饰图案如何恰如其分地应用到不同的人体部位?如何可以产生画龙点睛的效果?便是我们下面所要解决的问题。针对人体的不同部位,我们可以分为以下几个方面来阐述:

一、颈部

衣领是装饰颈部的主要零部件,服饰图案依附衣领的形态而存在。由于衣领接近人的头部,可以很好地装饰人的面部,所以成为最容易聚焦的视觉中心点。衣领的造型变化丰富,如高领、矮领、圆领、方领、立领、翻领等,不同的领型对于图案的要求又不尽相同(图6-8)。

二、肩部

肩部的装饰图案设计可以说与衣袖的设计紧密联系在一起。袖子大多为插肩袖、装袖和无袖,随之肩部的造型便由此而生(图6-9)。

图6-8 颈部图案设计

图6-9 肩部图案设计

三、胸部

胸部处于人们视线的中心，其面积比其它部位要大，因此图案可以进行较完整地呈现，多采用单独的纹样（图6-10）。

四、衣摆

衣摆主要是指服装的边缘，如下摆、门襟等。衣摆的图案设计往往要区别于服装的整体色调，起到强调的作用，突出表现服装的廓形感（图6-11）。

图6-10 胸部图案设计

图6-11 衣摆图案设计

第三节 不同服饰风格的图案设计

一、经典风格

经典是指某种事物、观念或者行为方式不会随着时间的流逝而逐渐消失，而是随着年代的推移而长期存在的现象。服饰中的经典风格是指服饰中各种设计元素相对较为传统，不会轻易受流行影响，追求一种典雅含蓄的感觉。

经典风格的服饰造型较为简洁，以基本形为主，如X型、A型等。款式细节上不会出现过多的分割，服装零部件设计较为简洁或者较少出现如口袋、拉链等部件。色彩多以黑色、白色等常用色为主。

服饰图案的设计较多采用造型简洁的图案设计，如花朵造型、各种抽象造型（图6-12）。

二、前卫风格

前卫所表现出的是一种与传统彻底决裂的美学极端主义。前卫艺术体现在破坏、推陈出新等方面。它们将"破坏即创造"作为自己的座右铭。由于主流文化与边缘文化的区别仍然存在，因此在一个社会中，由于意识形态或行为方式的差异，主流文化一般体现为一种话语权，而边缘的文化则表现出一种不合作性或对抗性。前卫风格的服饰设计之所以具备其"前卫性"，就在于其体现的一种新奇另类的存在。

前卫风格的服饰造型夸张，强调一种对比性。这种对比性可以体现在局部造型、零部件造型等方面，在图案设计方面则极尽夸张之能，在造型、色彩、材质等方面表现出富于幻想、超越流行的元素设计（图6-13）。

图6-12 经典风格

图6-13 前卫风格

三、休闲风格

休闲是指在非劳动及非工作时间内以各种"玩"的方式求得身心的调节与放松，达到生命保健、体能恢复、身心愉悦的目的的一种业余生活。休闲风格的服饰则是在进行休闲活动时所穿的服装。其特点是造型多使用弧线形，通过图案的丰富来表现层次感，可搭配性强，体现一种轻松随意的感觉。

休闲风格的图案设计，在造型方面较多使用条纹、三角形等几何图形，而较少使用花朵、动物等具象造型（图6-14）。

四、浪漫风格

浪漫风格主要是将浪漫主义的艺术精神应用在服饰设计中。随着时代的发展，浪漫风格的服饰不再将设计重点放在表现女性细腰和丰臀上，而是利用面料的自然曲线来表现女性的体征。在现代服饰设计中，浪漫风格主要反映在柔和圆转的线条、变化丰富的浅淡色调、轻柔飘逸的薄型面料以及泡泡袖、花边、滚边、镶饰、刺绣、褶皱等方面。

在图案设计方面较多采用花卉的图案，或抽象、或写实，但大部分都是以满地花的形式出现，而较少采用单独的大花形式。色彩方面多是以浅色调为主，如粉色、裸色等（图6-15）。

五、民族风格

民族是在长期的历史过程中形成的社会统一体，是由于不同地域的各种族（或部落）在经济生活、语言文字、生活习惯和历史发展上的不同而形成的。民族风格则是一个民族在长期的发展中形成本民族的艺术特征。它是由一个民族的社会结构、经济生活、风俗习惯、艺术传统等因素构成的。具有民族风格的服饰便是将一个民族特有的文化符号或文化特征带入其中。

民族风格的服饰设计没有统一的风格语言，而是要针对参考的民族特点来进行发挥（图6-16）。

67

图6-14 休闲风格

图6-15 浪漫风格

图6-16 民族风格

小结

本章通过从不同服装定位的角度阐述了服饰图案的设计要领。设计者可以根据穿着者的性别、年龄、职业等方面进行有针对性的图案设计。不同用途的服装则要根据具体使用目的来进行图案配置。作为设计者要从把握服装总体风格的角度，对服装进行总体规划。

本章思考与练习

1. 针对不同的服装分类进行图案设计，分类可以从性别、年龄、用途这几个方面来划分。

2. 选取一种或两种服饰风格进行图案设计。

第七章 服饰图案的表现

第一节 服饰图案的表现技法

服饰图案最初是通过服装画来体现设计师的构思，而如何通过服装画来完整地体现图案和服饰的细节，则必须通过一定的表现技法来实现。

一、线描法

线描法的特点是清晰、快速地体现设计者意图。当设计方向已经明确后，设计师便以线描法将其表现于纸上。在描绘过程中，应防止描绘方法与服装整体风格不协调，因此要重视线条的疏密组织。线描法是以线条的疏密来表现画面的黑白效果，所以要注意线的变化使用，如采用粗细相同的圆润而平滑的线条表现一种严谨感，用连续抖动的线条来增加画面的节奏感，轻起轻落的线条来丰富和加强画面的装饰感。

线描法主要使用的工具有铅笔、炭笔、钢笔等。其画面表现以黑白为基础。线描图既可以作为在设计中进行琢磨推敲的过程图，也可以作为最终的服装效果图。采用线描的方法对服饰图案进行表现，通常线条流畅且有一定的概括性，利用线条的粗细变化对图案的细节进行表现。线描法主要利用线条的粗细对服饰图案的细节进行描绘，由于线描法采用的工具比较容易掌握，因此画面效果可以达到非常细致的程度（图7-1）。

二、色块平涂法

色块平涂法是在以线造型表现款式的基础上，用平涂色块来表现服饰色彩和图案。其基本特点是用线来表现服装款式特征，再以平涂或近似平涂的色彩表现服装的色彩搭配、图案和面料式样。这种方法在表现服饰色彩的基础上还兼具一定的装饰性。

色彩平涂法主要使用的工具有铅笔、钢笔、水粉、水彩或彩色墨水等。在绘制服饰图案时，可以根据图案的造型，用平涂的方法表现出纹样的构成以及色彩最终在整个服装上的色调。在运用色块平涂法时，应将图案的部位、造型、面料的质地交代清楚，如果服装整身布满图案，可将主要部分细致描绘出来，其余部分可以省略（图7-2）。

图 7-1 线描法

图 7-2 色块平涂法

三、特殊技法

1．剪贴法

剪贴法是指用面料、报纸、杂志、色纸等材料根据事先设计好的人物造型进行剪贴组合，形成具有装饰效果的服装效果图。图7-3中背心和长裤的造型采用粘贴的手法，将已有的图案色纸进行剪切，形成比较写实的面料效果，色块相对完整，具有较强的体块感。

利用剪贴法进行服饰图案的创作，可以比较形象地再现图案的造型和色彩，直观地表现服装整体的效果，但是较难表现服装的细节部位。

2．阻染法

阻染法是根据油不溶于水的原理，先用油画棒、蜡笔、油性麦克笔等工具绘制出设计的图案，再大面积涂抹水彩或水粉等水性染料，以此形成图案的效果。图7-4中的阻染法常用于表现服饰中的印花布、蜡染面料和镂空面料等。

3．拓印法

拓印法是指将棉花、海绵、布等材料，形成一定形状，然后附上颜料拓于纸上形成肌理效果，如图7-5，利用棉花蘸取些许色彩，按压于纸上，由于按压力度、色彩浓度有所不同便形成不同的视觉效果。

图7-4 阻染法

图7-3 剪贴法

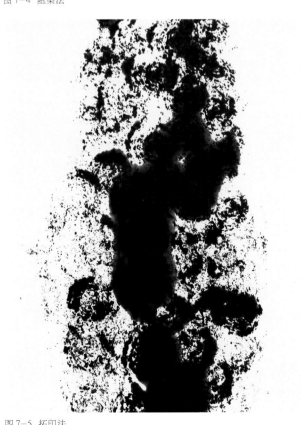

图7-5 拓印法

第二节 服饰图案的表现手段

一、刺绣艺术

刺绣是指在织物上借助针的运行穿刺，以绣迹构成各种装饰图案的总称，即用针将丝线或其他纤维、纱线以一定图案和色彩在绣料上穿刺，以缝迹构成花纹的装饰织物。刺绣的种类繁多，根据不同的侧重点可以将刺绣具体分为以下几大类：根据国家的命名可以分为法国刺绣、英国刺绣、罗马尼亚刺绣等；根据城市或地区名称的命名可以分为：苏绣、湘绣、蜀绣、粤绣、京绣、汴绣等；根据绣线的品种可以分为彩绣、白绣、黑绣、雕绣、影绣、十字绣、补花、褶绣等；根据使用的材料可以分为饰带绣、珠绣、闪光片绣等绣法。

如此看来刺绣的种类纷繁多样，这为服饰图案的创作提供了肥沃的土壤。以下将介绍一些常用的刺绣手法。

1. 彩绣

彩绣泛指以各种彩色绣线编制花纹图案的刺绣技艺，可以分为线绣、面绣、立体绣等。彩绣，顾名思义是指色彩的变化十分丰富。它以线代笔，通过不同颜色绣线的交互并错，令作品产生丰富的色彩效果。彩绣具有表面平整服帖、针法丰富多样、线迹精细、色彩鲜明的特点，在服饰品中应用较多。彩绣作为服饰图案表现的主要手法之一，应用范围十分广泛。彩绣最大的特点是可以形成色彩之间有较大反差、对比协调的图案造型（图7-6）。

图7-6 彩绣

2. 珠绣

珠绣通常指由各种空心珠、亮片用线缝缀在面料上的绣缀品。空心珠和亮片均选用质地较硬、表面平整、光洁度高的材料，配合不同颜色、尺寸和形状，形成各种具有装饰效果的图案。珠绣装饰可以提升服饰高雅性，特别适用于社交聚会、节日庆典、晚宴舞会等场合的服装、手提包、钱夹、项链、别针、腰带、鞋子等。珠绣的面料选用不但可用于厚、薄材料或是透明材料上，而且也可以直接用线穿连串缀而成条状或网状饰物（图7-7）。

采用珠绣的方法形成的图案具有较强的立体感。采用的亮片、空心珠等质感丰富，或哑光、或光滑、或粗糙。

图7-7 珠绣

3．雕绣

雕绣是在镂空绣基础上发展而来的，它是抽纱工种的一种，又称镂空绣，亦称"刁绣"，是抽纱中用布底绣花的主要工种，在全国各地均有生产。针法以扣针为主，有的花纹绣出轮廓后，将轮廓内挖空，用剪刀把布剪掉，犹如雕镂，故以此命名。雕绣主要以制作台布、床罩、枕袋等为主，所用棉布或麻布用线都较淡雅，多在白布上绣白花，米黄色布上绣白花等。雕绣的针法变化多种多样，各地区具有不同的特点。图7-8中布底采用透明纱质材料，在此之上选用颜色鲜艳的纱线，绣出造型前卫、形式感强烈的图形，将传统的手工技艺进行创新，表现出一种时代感。

图7-8 雕绣

4．打结绣

打结绣是将面料反面画上事先设计好的图案（多为有规律的几何图形），用针线按照一定规律将图案缝合，面料的正面便可以形成装饰纹样的肌理。这种装饰手法应用范围非常广泛，不仅可以使用在服饰上，还可用在手袋、礼品、室内装饰品等。打结绣形成的图案立体感强、造型直接。使用打结绣方法时，面料通常采用单色，主要利用图案缝合后产生阴影效果，因此具有较强的视觉张力（图7-9）。

5．十字绣

十字绣又称挑绣或区域刺绣，是用专用的绣线和十字格布，利用经纬交织的搭十字的方法，对照专用的坐标图案进行刺绣，是任何人都可以绣出同样效果的一种刺绣方法。十字绣是一种古老的民族刺绣，以其绣法简单，外观高贵华丽、精致典雅而著称。在我国许多少数民族的日常生活中，一直以来就普遍存在着自制的十字绣的工艺品。由于各国文化不尽相同，随着时间的推移，十字绣在各国的发展中也都形成了各自不同的风格，无论是绣线、面料的颜色还是材质、图案，都别具匠心（图7-10）。

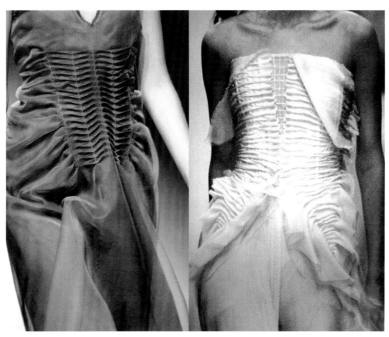

图7-9 打结绣

图7-10 十字绣

6. 补花

补花是将剪成各种形状的棉、麻、丝绸花片粘贴在底布上，组成图案，再经缝缀而成。补花结合雕补、叠补、贴补工艺，呈现出的作品具有鲜明的特色。

图7-11中底布已经具有一定的图案造型，在此基础上又将片状花片贴在底布上，产生层次丰富的图案效果。补花的花片材料质地范围广泛，其主要特色便是由于采用不同的花片，而形成造型、风格迥异的服饰风格。

7. 绗绣

绗绣主要是指在两片布之间加入填充物后按图案纹样绗线，可以产生浮雕效果的图案装饰手法。还有一种衍绣是按花样的轮廓绗缝或在轮廓边缘缝出两排针迹，然后在两排针脚之间加入棉花等填充物，使花形饱满地凸起。绗绣具有保温和装饰的双重功能，主要用于秋冬休闲类服装和提包上的装饰（图7-12）。

8. 钉线绣

钉线绣又称盘梗绣或贴线绣，是把各种丝带、线绳按一定图案钉绣在服装或纺织品上的一种刺绣方法。常用的钉线方法有明钉和暗钉两种，前者针迹暴露在线梗上，后者则隐藏于线梗中。钉线绣绣法简单，历史悠久，其装饰风格典雅大方（图7-13）。

图7-11 补花

图 7-12 绗绣

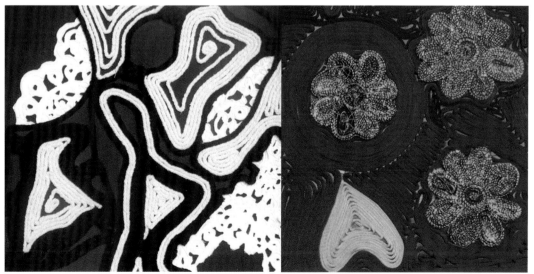

图 7-13 钉线绣

9．饰带绣

饰带绣是把细丝带作为线按照设计好的图案缝绣在布面上的技艺。这种刺绣手法不仅可以形成简洁的线形、几何形图案，也可变化成丰富多彩的图案。此技法既简单又方便，充分地利用丝带的柔软与光泽、幅度和量感，使刺绣作品具有光影变化和立体感（图7—14）。

10．抽丝绣

抽丝绣是以布为基础，根据设计的图案在织物上抽去不需要的经纱或纬纱，然后将留下的纱线通过各种绣线进行编扎。例如将事先设计的抽丝范围确定，然后用剪刀或小刀切断其两端纬线，但不能破坏经线，然后用针挑去被切断的纬线，面料上剩下的全是经线部分。最后再根据事先的设计，将其有规律地组合成各种花式图案。这种针法取源于手工刺绣，编出的图案纹样具有独特的网眼效果，给人一种玲珑透空之感（图7—15）。

二、印染艺术

1．蜡染

蜡染，古称蜡缬，又称"点蜡幔"，是我国古老的民间传统纺织印染手工艺，与扎染（绞缬）、夹染（夹缬）并称为我国古代三大印花技艺。蜡染是以蜂蜡调白蜡作防染剂，在白布上描绘图案，然后入染、除蜡，在布面上呈现出蓝底白花或白底蓝花的图案。蜡染由于在浸染中，作为防染剂的蜡自然龟裂，使布面呈现特殊的"冰纹"，因而使其尤具魅力。蜡染图案丰富，可以按照设计者喜好来设计，形成作品色调素雅，风格独树一帜，常用于制作服饰和各种富有自然风情的生活实用品（图7—16）。

2．扎染

扎染古称扎缬、绞缬、夹缬和染缬，是中国民间传统而独特的染色工艺。扎染是用捆扎、折叠、缠绕、缝线、打结等方法使织物产生防染作用时，再浸染，待固色后，再除去缝扎的线结，形成了有多层次晕色效果的花纹布。根据线捆扎的松紧或浸染程度的不同，扎染可以形成随意自然的、边缘模糊、层次柔和且具有过渡性渐变的色晕（图7—17）。

图7—14 饰带绣

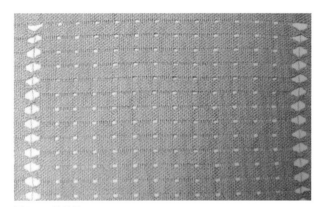

图7—15 抽丝绣

图7-16 蜡染

图7-17 扎染

3．夹染

夹染，亦称夹缬，是指以镂空花板将织物夹住，涂浆粉（豆浆和石灰拌成的防染剂），干后再加染，然后吹干再去浆，完成后织物便可显示出花纹的一种印染技术。夹染主要是利用织物被夹固以后，染液难以渗入的特点而产生花纹。因此，染液的渗透变化足产生夹染图案效果的关键。夹染图案一般为对称纹样。

4．丝网印

丝网印是指在一种较薄的丝织品上制版印花，通过丝网的漏印，将设计者的创作意图直接印制在材料表面上。丝网印花工艺种类繁多，如水浆印花、胶浆印花、发泡印花等。丝网印花的图案内容涉及广泛，花卉、动物、各种流行事物都是其主流方向。丝网印形成的图案色彩鲜艳、轮廓清晰、层次分明，是服饰图案表现的主要方式之一（图7-18）。

5．手绘

手绘是指运用一定的工具和染料以手工描绘的方式在织物上进行图案绘制。利用手绘完成的纺织材料可以不受机械印染中图案套色与接回头的限制，操作方便灵活，可随意按设计需要绘制出有个性化的面料（图7-19）。

图7-18 丝网印

图7-19 手绘

三、编织艺术

编织是指使用绳线条类纤维材料手工编结和使用工具纺织制作完成的编织物品。编织技术形成的图案具有较强的技术特点,区别于梭织制品形成的服装图案,通过编织手法形成的图案本身具有一种构成风格的美感。根据编制过程中使用的材料不同,可以分为传统编织和特殊线材编织。

1．传统编织

传统编织是指由毛线通过针织有规律的运动而形成线圈,线圈和线圈之间互相串套起来而形成的织物。由于线圈之间是活动的,传统毛线编织形成的图案具有一定的可变性,形成的图案随着穿着者的不同而有所区别,针织服装较多采用电脑提花来完成图案的设计(图7—20)。

图7—20 针织提花

针织服装除了电脑提花还采用钩编、刺绣、手工缝线等方式来完成图案的设计(图7—21)。

2．特殊线材编织

特殊线材编织是指利用传统编织的手法,将各种特殊编织线材进行串套形成的一种织物。图7—22利用缎带进行编织,既保留缎带产生的光泽感,又将通过编织技术形成的结构风格加以强化。图7—23将传统的毛线换成较为少用的皮条,在创意上给人以新意。

四、拼接艺术

拼接是将不同的面料进行拼合,形成一组新的图案的方式。拼接的方式不仅可以通过面料的再造形成新的图案,而且可以通过不同面料的拼接赋予原本面料新的内涵。拼接的面料通常有以下几种组合:单色面料相拼、单色和花色面料相拼、花色面料相拼。不同类型的拼合会产生不同的风格。其中单色面料相拼、单色和花色面料相拼相对比较好把

图 7-21 编织

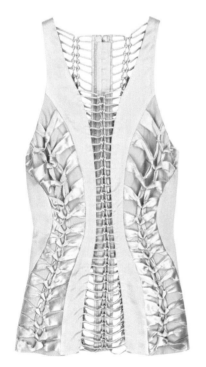

图 7-22 特殊线材编织

图 7-23 特殊线材编织

图7-24 拼接艺术

握，而花色面料相拼则要注意把握服装的大调，要有一个花样作为主要基调，在此基础上再搭配其它花色面料（图7-24）。

小结

本章从服饰图案的表现这一角度入手，分别从两个方面进行阐述，从服饰图案表现技法的实现和服饰图案的表现手段入手，研究如何将服饰图案进行完整的呈现。设计者在进行服饰图案创作时，要善于利用工具来充实设计想法，做到"工欲善其事，必先利其器"。

本章思考与练习

1.采用不同的技法对服饰图案进行表现。

2.结合服饰图案的表现手段完成图案的创作。

第八章 服装配饰的图案表现

第一节 服装配饰的概念

　　服装配饰是指除服装本体（上装、下装）以外，其他用来装饰人体的物品。本章所指配饰均指从属于服装的设计、对服装设计本身起到强化点缀作用的物品，不包括独立的配饰设计。

第二节 服装与配饰的关系

　　对于服装配饰的研究发现，饰品早于服装出现在人们的日常生活中。从由兽齿制作的项链到贝壳做的挂饰无一不说明这种现象的存在。可以这样说，最早的配饰是完全独立存在的，但是随着服装的诞生、人类文明的发展以及人们对于美的追求，饰品逐渐作为服装的搭配物进行展示，并且赋予服装更多美好的意味。服装和配饰的关系可以从以下两个方面进行阐述。

一、从属关系

　　服装在现代时尚中处于主导地位，配饰则处于从属的、次要的位置。但是不能够因此忽略配饰对服装整体起到的强化、点缀的作用。

　　图8-1中该套服装以立体花饰对服装进行装饰。模特头顶帽子的制作手法与衣身相同，强调立体花饰这一特点。帽檐则采用布条编织的工艺，与整套服装的设计相互辉映。图8-2中鞋子的色彩和图案与衣身采用同一色系，使服装从头到脚具有统一的延伸性。

图8-1 从属关系

图8-2 从属关系

图8-3 意象关系　　　　　　　　　　　图8-4 意象关系　　　　　　　　　　图8-5 面部装饰

二、意象关系

"意象"是诗歌鉴赏中的重要概念,具体是指创作主体通过特定的情感活动对客观物体进行艺术加工,营造出相应的情感氛围。意象表达可以使所要表达的抽象情感物象化。配饰之于服装则是能够将服装所要表达的情感更加具象化。

图8-3中模特头部的装饰将服装所要表达的宫廷洛可可风格加以强调,使服装风格更加鲜明。图8-4中亦是同样的手法,模特头部的花簇装饰与服装衣身的图案进行呼应,形成虚与实结合的镜像表现。

第三节　服装配饰的图案表现

一、面部装饰

面部装饰主要指对于面部的修饰及美化。面部的装饰已经成为服装整体表达不可或缺的一个部分。图8-5中模特眼部装饰图案呈现黑色不规则几何状,与服装的涂鸦图案相互搭配,从色彩和造型两个方面对服装进行有效补充。图8-6中 模特面部装饰主要集中在脸的侧面太阳穴附近,以红色作为主要色彩,造型采用笔锋式造型。模特所穿着的裤装也呈现出一定的红色,头与尾的呼应在色彩的运用中得以体现。

图8-6 面部装饰

85

图 8-7 面部装饰

图 8-8 面部装饰

图8-7和图8-8分别为同一场秀的两个不同而又相似的面部装饰，在表现的细节上，通过结合服装的材质和表现风格而略有不同。

二、头部装饰

头部装饰主要指呈现在头部的美化手段，包括头花、帽子、耳饰等装饰物。图8-9中的头部装饰色彩上采用与服装相同的白色，并配以蓝色点状物进行点缀，造型上以小朵四瓣花做成花簇的团型，通过量的积累达到质的改变。头部花簇造型与服装衣身的环形立体装饰进行对照。图8-10中的帽子采用与衣身相同的黑白几何图案，并在面料材质的方面进行虚和实的变化。图8-11中的头部装饰则是将服装衣身的图案进行立体化的处理。图8-12和图8-13中的耳饰则是对服装图案的延伸处理。

图 8-9 头部装饰

图 8-10 头部装饰

图 8-11 头部装饰

图8-12 头部装饰

图8-13 头部装饰

图8-14 脚部装饰

图8-15 脚部装饰

三、脚部装饰

脚部装饰主要是指鞋履的设计。图8-14和图8-15中靴鞋的图案与服装图案基本相同，属于同种类型和花色的延伸，从形式美上属于同系列图案。这种脚部装饰的图案设计可以很好地融入到服装整体中而不显得突兀，对服装设计本身是一个有效的补充。图8-16和图8-17中鞋子的图案设计在色彩方面截取或挑选衣身中已经出现的色彩或图案，并重新设计，形成与服装有关联而又不尽相同的图案。图8-18中靴鞋采用衣身中极小的一部分图案色彩作为基准，重新设计靴鞋图案，使脚部的装饰看似脱离于服装的整体但实质上又存在某些关联。

图 8-16 脚部装饰

图 8-17 脚部装饰

图 8-18 脚部装饰

图8-19 腕部装饰

图8-20 颈部装饰

图8-21 手部装饰

图8-22 手部装饰

四、其他装饰

服装配饰的种类繁多，质地千差万别，除了以上三个主要方面还有很多其他部位的装饰，比如腰部的装饰、四肢的装饰等。图8-19中针对腕部的装饰、图8-20中针对颈部的装饰、图8-21和图8-22中针对手部的装饰无一不体现部分与整体的从属关系，在图案设计方面都借鉴或直接取用服装本身的图案设计，并将服装所要表达的意象更加具体化，更加直观地表现出来。

小结

本章主要阐述了服装配饰中图案的应用。了解配饰与服装的从属关系和意象关系，可以为今后的设计做好理论方面的知识储备。

本章思考与练习

结合服装设计服装配饰的图案。

附图：服饰图案设计实例赏析

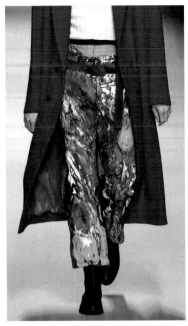

1   2   3

4

附图1：服装图案虚和实、抽象和具体、平面和立体的综合运用。附图
2：涂鸦在男装中的运用。附图3：面料的肌理与服装图案结合。附图
4：面料的二次创造与图案结合运用。附图5：中国画作为服装图案的
素材在服装中的运用、利用人体曲线对图案进行展示。

5

8

附图6：不同色块的拼接。附图7：利用材
料的通透性对服装图案进行空间的表现。
附图8：服装图案表现出如签字笔般的涂鸦
效果。附图9：无彩色系的灰阶变化在服装
中的运用。附图10：单独纹样的运用。附
图11：利用不同材质的可视度对服装图案
进行虚实变化的处理。

6

7

9

10

11

12   13   14

附图12：服装整体采用
模糊且低明度的图案
印制，腰间配以高纯
度和高明度的蝴蝶结
进行点缀。附图13：满
地图案的运用，少和
多、繁和简的对比。附
图14：素色配件和满
地图案的结合使用。
附图15：有彩色与无
彩色的搭配使用，西
瓜红与藏蓝色对整套
服装的色彩起到点缀
作用。附图16：服装图
案所表现的虚实变化。

15   16

17

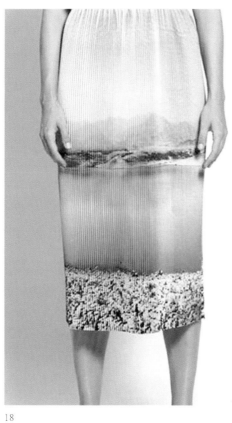

18

19

20

21

22

附图17：服饰图案中虚实的结合表现，上装利用面料材质的特点表现图案的虚化处理。附图18：将风景照片直接转化成图案应用于服装中。附图19：鸟
类的自然形态转化成服装图案的运用。附图20：服饰图案表现同色系明度的不同达到变化的效果。附图21：服饰图案从衣身到四肢的过渡设计，衣身
表现繁复写实的图案设计，肩部及袖子的图案是衣身图案的延续。附图22：对比色系在服装图案中的运用。

93

25

23   24

27

26   28

附图23：利用各种珠饰将服装图案从二维向二维半进行过渡，丰富视觉层次。附图24：裙身图案表现油画般抽象的色彩，上装则利用珠饰表现浮雕的效果以此达到立体与平面的对比。附图25：将新印象画派的表现技法运用到服装图案中，利用色彩的自然混合，表达作者的设计意境。附图26：图案设计着重现人体曲线，在身体关键部位进行强调，巨大的花朵将女性曲线的优美加以突出。附图27：利用视错图案增加服装的趣味性。附图28：将色彩构成、平面构成与服装图案设计相结合，简化服装的结构设计并增强其表现力。

附图 29

附图 30

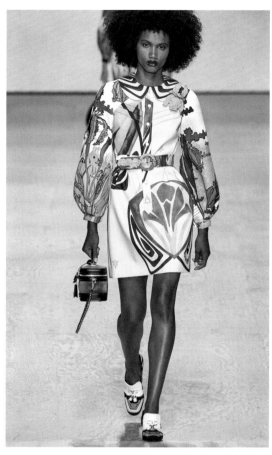

附图 31

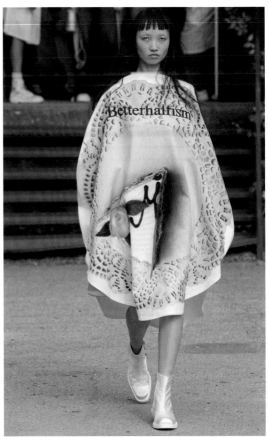

附图 32

附图33

附图 34

附图 35

附图 36

参考书目

1．华梅．中国服装史[M]．天津：天津人民美术出版社．1999．

2．张乃仁，杨蔼琪．外国服装艺术史[M]．北京：人民美术出版社．1992．

3．赵丰．中国丝绸艺术史[M]．北京：文物出版社．2005．

4．徐雯．服饰图案[M]．北京：中国纺织出版社．2000．

5．汪芳．服饰图案设计[M]．上海：上海人民出版社．2007．

6．徐青青．服装设计构成[M]．北京：中国轻工业出版社．2002．

7．陈建辉．服饰图案设计与应用[M]．北京：中国纺织出版社．2006．

8．叶立诚．服饰美学[M]．北京：中国纺织出版社．2001．

9．崔唯．图案造型基础[M]．北京：中国纺织出版社．2004．

10．(美)玛里琳·霍恩．服饰：人体的第二皮肤[M]．乐竟泓译．上海：上海人民出版社．1991．

11．郑军，刘沙予．服装色彩[M]．北京：化学工业出版社．2007．

12．李莉婷．色彩构成[M]．武汉：湖北美术出版社．2001．

作者简介

王丽,硕士学历,现任大连工业大学服装学院服装与服饰设计专业教师。曾主持完成辽宁省社科基金"关于满族服饰元素在礼仪服装设计中的应用研究"、辽宁省教育厅基金"辽宁少数民族传统文化发展理路创新研究"、服装设计与工程国家级实验教学示范中心项目"采风教学改革的研究与实践"等;出版"十二五"部委级规划教材《服饰图案设计》、21世纪高等院校艺术设计专业"十二五"规划教材《二维立体设计》,参编普通高等教育"十一五"规划教材《服装构成基础》;曾在《美术观察》《中国文艺家》《中国服饰》等刊物上发表论文十余篇;曾多次指导学生获得服装专业比赛奖项。